Das Haflinger Pferd

4. unveränd. Auflage, Nachdruck der 3. Auflage von 1988

Mit 103 Abbildungen, 4 Farbtafeln und 52 Tabellen

Hans Joachim Schwark
Petra Petzold

Die Neue Brehm-Bücherei Bd. 346
Westarp Wissenschaften · Magdeburg · 1996
Spektrum Akademischer Verlag · Heidelberg · Berlin · Oxford

Die Deutsche Bibliothek — CIP-Einheitsaufnahme

Schwark, Hans Joachim:
Das Haflinger Pferd / von Hans Joachim Schwark und Petra Petzold. – 4., unveränd. Aufl. – Magdeburg: Westarp-Wiss.; Heidelberg: Spektrum Akad. Verl., 1996
(Die Neue Brehm-Bücherei; Bd. 346)
ISBN 3-89432-172-5
NE: Petzold, Petra:; GT

Publiziert in Zusammenarbeit mit
Spektrum Akademischer Verlag, Heidelberg

Druck und Bindung: Hartmann, Ahaus

Inhaltsverzeichnis

Bildnachweis

Prof. H. J. Schwark

Abb.: 1, 9, 10, 11, 12, 13, 20, 21, 22, 25, 33, 37, 38, 43, 48, 49, 50, 51, 52, 54, 56, 58, 65, 69, 71, 74, 86, 87

Dr. P. Petzold

Abb.: 8, 16, 17, 19, 23, 24, 26, 27, 28, 29, 30, 35, 36, 42, 53, 73, 75, 76, 77, 78, 80, 84, 85, Farbtafel 2, 3

M. Karwath

Abb.: 31, 32, 34, 39, 44, 45, 47, 57, 59, 72, 79, 81, 82, 83, Farbtafel 1, 4

J. Glück

Abb.: 46, 70

H. Kuhne

Abb.: 14

R. Schuhmann

Abb.: 40

I. Schellenberger

Abb.: 55

Archiv

Abb.: 2, 3, 4, 5, 6, 7, 15, 18, 41, 60, 61, 62, 63, 64, 66, 67, 68.

1. Herkunft und Abstammung

Die Heimat des Haflinger Pferdes ist das Alpengebiet, speziell die Sarntaler Alpen – politisch seit 1919 zu Italien gehörend. Die ersten Aufzeichnungen über dieses Pferd findet man bei Staffler, der 1847 in einer Topographie von Tirol und Vorarlberg Pferde erwähnt, die im Gebiet zwischen Etsch- und Sarntal anzutreffen waren und sicher die bodenständige Grundlage des heutigen Haflingers in Form eines Landschlages bildeten. Staffler (1847) zählt eine Reihe von Gemeinden, „deren kleine, leichtfüßige Pferdchen besonders ausgezeichnet sind", auf und nennt hierbei auch den Ort Hafling, der später dieser Rasse den Namen gab.

Als gesichert kann heute angesehen werden, daß der Tschöggel, ein Hochplateau zwischen Etsch, Sarn und Talfter, die engere Heimat des Haflingers ist. Dieses Gebirgsmassiv weist eine Höhenlage zwischen 1500 und 2000 m auf und läßt gegen die Talsohlen einen allmählichen Abfall, gegen die Sarntaler Alpen einen bedeutsamen Anstieg erkennen.

Bezüglich der landschaftlichen Gestaltung schreibt Thurner (1938): „Die Heimat des Haflingers findet an Schönheit nicht ihresgleichen – glücklich wird hier das Große und Erhabene der Alpenwelt mit dem Lieblichen und Anmutigen des Südens gepaart. Wer das Glück hatte, dieses eigenartige, mit tausend landschaftlichen Reizen gesegnete Alpenparadies zu durchwandern, mit seiner reichen Vegetation, seinen lieblichen Lärchenwaldungen, den einzigartigen Ausblicken auf die Dolomiten und dessen biedere, an altem Brauchtum zäh hängende Bevölkerung kennenzulernen, wird diese Wanderung als tief empfundenes Erlebnis in seiner Erinnerung behalten."

Diese landschaftlichen Reize und Schönheiten brachten in den letzten Jahrzehnten diesem Gebiet einen umfangreichen internationalen Fremdenverkehr. Während früher das Haflinger Pferd und die Seilbahnen von Meran nach Hafling und von Bozen nach Jenesien die einzigen Transportmittel waren, ist das Gebiet heute straßenmäßig voll erschlossen. Heute bringen Kraftfahrzeuge die Besucher in die Orte, die noch vor 30 bis 40 Jahren nur über schmale Saumwege zu Fuß oder mit Hilfe des Haflingers zu erreichen waren. In gleicher Weise bedient sich heute der Einheimische der modernen Verkehrstechnik, so daß auch hier, in der Urheimat des Haflingers, nur die Legende seiner Nutzung als Saum- und Tragpferd, als Wirtschaftszugkraft und als eigenes Transportmittel geblieben ist.

Als die bedeutsamsten Orte der züchterischen Entwicklung müssen Mölten, Vöran, Schlaneid, Flaas, Verschneid und Jenesien genannt werden. Auch das Sarntal und seine Nebentäler zählen zu den Ursprungsgebieten des Haflingers. In seiner Gesamtheit zeigt das Gebiet eine relativ starke Abgeschlossenheit, die in Verbindung mit den insbesondere im Tschöggelgebiet vorliegenden kargen Futterverhältnissen den lokalen Landschlag eines kleinen, untersetzten und anspruchslosen Gebirgspferdes entstehen ließ.

Mit Inzucht gekoppelte züchterische Lokalisation, wobei die Futterverhältnisse das Größenmaß bestimmten, dürften der Grund für die Bildung eines rassisch selbständigen Bergpferdes auf der Landschlagbasis gewesen sein. Nur solche Tiere, die den Dienst als Saumpferd zufriedenstellend erledigten und mit dem natürlichen Futteranfall auskamen, konnten in der Wirtschaft und damit auch in der Zucht Verwendung finden. Der Zeitraum eines solchen Entwicklungsganges ist heute kaum noch zu bestimmen, so daß jede Aussage über das Alter dieses Landschlages als mehr oder minder begründete Vermutung aufzufassen ist.

Keller ist hinsichtlich der Abstammung des Haflingers der Auffassung, daß ein verkleinerter Typ des alpinen Kaltblutpferdes die Ausgangsbasis und Breitengrundlage lieferte. Analog diesem Landschlag existiert auf der Insel Kreta ein Pferdeschlag, der in Größe und Körperform eine große Ähnlichkeit zum Haflinger aufweist. Gleiches trifft für das auf Sizilien vorkommende Saumpferd zu, und es ist nicht ausgeschlossen, daß die Stammform dieses Pferdes bereits mit den Kelten nach Europa gekommen ist.

Thurner (1938) bezeichnet den Haflinger als örtliche Varietät des alpinen Kaltblutpferdes und schreibt: „So hat in erster Linie eine Anpassung des alpinen Kaltblutpferdes an Höhenlage, Klima und Gebrauch unter dem Einfluß künstlicher Zuchtwahl stattgefunden . . . Viele der körperlichen Merkmale des Haflingers sprechen dafür, daß er eine Standortvarietät des alpinen Kaltblutpferdes vorstellt."

Als gesichert kann im weiteren angenommen werden, daß orientalisches und norisches Blut einen ständigen Einfluß ausübten. Im Sarntal, welches aufgrund seines natürlichen Reichtums gute Voraussetzungen für die Pferdezucht hatte, kamen auch kleine norische Hengste zur Aufstellung. Dieses führte zu einer gewissen Verstärkung des Sarntaler Schlages, so daß ein Kaliber- und Rahmenunterschied zu den Pferden des Tschöggelberges bestand. Dieser Kalibereinfluß des Norikers wurde durch die Verwendung orientalischen Blutes wieder ausgeglichen. Die Besitzer der im Etschland häufig vorkommenden Burgen und Schlösser hatten während der Kreuzzüge und der Türkenkriege hinreichend Gelegenheit, orientalische Pferde mitzubringen und diese züchterisch wirksam werden zu lassen. Mit großer Wahrscheinlichkeit übten diese „Orientalen" auf die Leistungseigenschaften eines solchen Säumerpferdes, das neben Trittsicherheit, Genügsamkeit und Charakterfestigkeit auch eine gewisse Reitveranlagung aufweisen mußte, einen nachhaltigen Einfluß aus. Die hierbei gemachten Erfahrungen waren sicher auch die Ursache, daß später Hengste orientalischer Herkunft direkt zur Zucht aufgestellt wurden. Die heutigen Merkmale des Haflingers sprechen für eine weitgehende Merkmalskombination, in der Rahmen, Trittsicherheit und Genügsamkeit vom Landschlag herrühren, Breite, Bemuskelung und Kaliber unter norischem Einfluß entstanden und schließlich Härte, Nerv, Charakter und Adel beim Orientalen entliehen wurden und eine für spezifische Zwecke sinnvolle Vereinigung fanden.

Anderweitige Überlieferungen, wonach der Haflinger einer „mittelalterlichen Kunde" zufolge vom Burgunder Pferd abstammen soll, wie auch die These der ausschließlichen Abstammung vom Noriker, müssen bei genauer Kenntnis des Haflinger Pferdes als wenig stichhaltige Vermutungen zurückgewiesen werden. Es ist für den Haflinger eine gewisse Tragik, daß sein Ursprungsland klein und unwirtlich und daher geschichtlich eine nur untergeordnete Rolle spielte. Während die Pferde anderer Gebiete meist in der Geschichtsschreibung von Grafschaften, Fürstentümern oder ganzer Königreiche verankert wurden und somit aktenkundig vorliegen, sind für das Gebiet der Sarntaler Alpen und seiner Pferde kaum Überlieferungen vorhanden.

Diese Gegebenheit war leider des öfteren Anlaß, den Haflinger als in seiner Erbmasse heterozygotes Kreuzungsprodukt zu deklassieren. Offensichtlich wurde dabei übersehen, daß alle Pferderassen unter dem Einfluß verschiedener Herkünfte entstanden sind. Kreuzungen unterschiedlichster Intensität zählen heute zu den üblichen Zuchtmethoden aller Tierarten, beinhalten nichts Diskreminierendes und ermöglichen den in der Art vorhandenen Genfond zweckvoll zu nutzen.

Eine Wende in der relativ ungelenkten Zucht dieses Bergpferdes trat im Jahre 1874 ein. In diesem Jahr wurde der Hengst „249 Folie" geboren, auf den sich heute alle klassischen Blutlinien des Haflingers vereinen lassen. Im Jahre 1872 war im Hauptgestüt Radautz der Halborientale „133 El Bedavi XXII" vom Österreichischen Hengstdepot Stadl erworben worden, der in Anpaarung mit Stuten des Haflinger Landschlages u. a. besagten „Folie" bei dem Bauern Folie in Schluders lieferte. Eine von Thurner (1938) durchgeführte Befragung der Familie Eberhöfer in Laas, die „249 Folie" 20 Jahre lang als Deckhengst hielt, ergab, daß dieser Hengst ein sehr edler, hoch aufgesetzter Goldfuchs mit Stern und Aalstreif war: „Ein kleiner Hengst mit 150 cm Bandmaßhöhe und 182 cm im Brustumfang, mit markiertem, hohem Widerrist und sehr guter Trabbewegung, dabei sehr willig und fromm." Er wurde vierjährig in die Zucht gestellt und deckte bis zu seinem Tode im Alter von 24 Jahren. Seine Mutter ist ebenfalls eine Fuchsstute gewesen, hingegen „El Bedavi" von goldbrauner Farbe war, jedoch mütterlicherseits ebenfalls die Fuchsfarbe führte. Fast zwanzigjährig, im Jahre 1893, errang „Folie" auf der Landesausstellung in Innsbruck den ersten Preis, welches nochmals die Qualität dieses Hengstes unterstrich.

Die Fohlen des Hengstes waren vielversprechend, so daß vom damaligen Ackerbauministerium der Auftrag gegeben wurde, alle guten, edlen Fohlen zur weiteren Aufzucht aufzukaufen. So lieferte „Folie" von 1878 bis 1898 dem Zuchtgebiet neben einer Vielzahl von Stuten 3 Hengste. Diese waren „14 Folie", „37 Laas" und „liz 252/233 Hafling". Alle drei Hengste waren abermals fuchsfarbig mit ausgeprägten Abzeichen und variierten in den Körpermaßen von 139–146 cm in der Widerristhöhe, 169–176 cm im Brustumfang bei einheitlicher Röhrbeinstärke von 20 cm. Bei unterschiedlich langer Zuchtverwendung, die bei „Hafling" mit 20 Jahren am längsten währte, setzten „Folie" und „Hafling" die männliche Blutführung fort, hingegen hinterließ „Laas" nur weibliches Zuchtmaterial.

In die Zeit der Zuchtverwendung dieser Hengste fiel der Erlaß über den Körzwang, der in diesem abgeschiedenen Zuchtgebiet kaum Beachtung fand. Zwar hatte der Besitzer der Fragsbrug bei Meran, Moritz von Leon, im Jahre 1874 das Ackerbauministerium bereits auf den kleinen Landschlag auf dem Salten aufmerksam gemacht und entsprechende Zuchtmaßnahmen gefordert, jedoch nur den Ankauf der besten Fohlen für die Aufzucht im staatlichen Aufzuchthof erreicht

Die generelle Wende in der Zucht des Haflingers trat somit erst 1897 ein. Der Kommandant des Hengstdepots Stadl bei Lambach, Graf Huym, besichtigte in diesem Jahr das Zuchtgebiet und Zuchtmaterial, in dessen Folge sehr bedeutsame Verordnungen erlassen wurden, so u. a. der bereits erwähnte Körzwang für Hengste, die individuelle Anpaarung der Stuten, eine staatliche Subvention von jährlich 100 Kronen für gute Stuten, die mit der Annahme durch den Besitzer einem dreijährigen Deckzwang mit einem zugewiesenen Hengst unterworfen wurden und der Ankauf der besten Hengst- und Stutfohlen durch den Staat. Interessant ist dabei, daß nicht

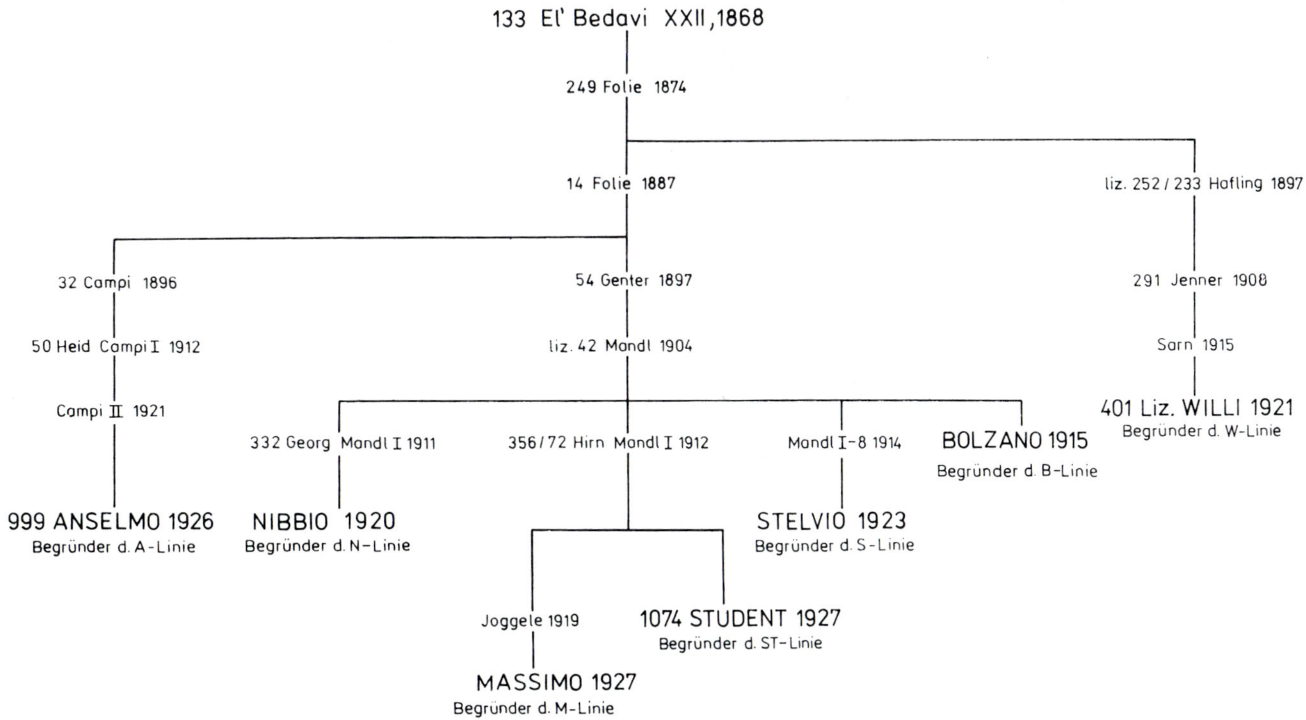

Darstellung 1. Stammtafel der Blutlinienbegründer. Nach Schweisgut 1965

nur die Hengste zu sehr günstigen Bedingungen in das Zuchtgebiet zurückkamen, sondern daß auch die Stuten nach erfolgter Aufzucht wieder zur Verfügung standen. Während die Hengste nach sechs- bis achtjähriger subventionierter Haltung in den Besitz des Halters übergingen, wurden die Stuten verläßlichen Züchtern unentgeltlich übergeben. Die Kapazität des Stutenaufzuchthofes betrug im Winter 30 und im Sommer 50 Fohlen, wodurch, in Verbindung mit den anderen Maßnahmen, sowohl eine psychologische als auch materielle Einflußnahme auf die Züchterschaft gegeben war. Es ist somit nicht verwunderlich, daß es bereits im Verlauf eines weiteren Jahrzehnts, unterstützt durch entsprechende zuchtorganisatorische Maßnahmen, gelungen war, unerwünschte, auf Fremdblut zurückzuführende Eigenschaften zurückzudrängen und eine Konsolidierung der Haflinger Rasse auf der Grundlage der Reinzucht herbeizuführen. Die Zuchtgrundlage umfaßte zu der Zeit etwa 300 Zuchtstuten, zu deren Bedeckung jährlich etwa 20 Hengste zur Verfügung standen.

Durchschlagende Vererbung in der erwünschten Richtung der nach „249 Folie" gezogenen Hengste einerseits und konsequent zur Anwendung kommende zuchtorganisatorische Maßnahmen andererseits führten schnell zu einer genealogischen und typmäßigen Vereinheitlichung. Nachkommen andersrassiger Hengste, speziell der Orientalen „Dahoman", „Gidran" und „Tajar", konnten sich gegenüber der Nachzucht von „252/233 Hafling" und „14 Folie" auf die Dauer nicht behaupten, so daß sehr bald das Blut von „249 Folie" überall vertreten war und alle Beschäler auf diesen Hengst direkt zurückgingen. „Folie" kann somit wohlverstanden als der Stammvater des Haflingers in seiner heutigen Prägung angesehen werden. Sieben von seinen Nachkommen ausgehende Blutlinien bilden das genealogische Gerüst der heute internationalen Haflinger Zucht (Darst. 1).

2. Verbreitung

Die Entwicklung der Zucht des Haflinger Pferdes ist durch die Besonderheit gekennzeichnet, daß sich eine Verlagerung der Hochzucht aus Süd- nach Nordtirol vollzog. Im Ergebnis des 1. Weltkrieges fiel Südtirol durch den St. Germain Friedensvertrag vom 10. 09. 1919 und der damit verbundenen Auflösung der Donau-Monarchie an Italien. Da der Zeitpunkt nach dem Abschluß der Decksaison lag, befanden sich bis auf 5 Vatertiere, die in Privatpflege in Südtirol standen, alle Zuchthengste im österreichischen staatlichen Hengstdepot Stadl bei Lambach. Daraus ergab sich die Situation, daß Österreich im Besitz nahezu aller Hengste war. Italien verfügte hingegen über die Stutengrundlage. Damit geriet die sich entwickelnde Rasse in die wohl kritischste Phase ihrer Existenz.

2.1. Entwicklung der Haflinger Zucht in Italien

Während der Kriegsjahre 1914–1918 hatte die Haflinger Zucht sehr stark gelitten, was auf Mängel in der Pflege, Haltung und Fütterung, auf die Bereitstellung von Pferden für die Armee und die Einstellung der Zuchtbuchführung zurückzuführen war. Mit dem Jahre 1920 begann der italienische Staat, die Zucht des Haflingers wieder aufzubauen, regelnd und ordnend einzugreifen. Die ehemaligen österreichischen

Staatshengste gingen in Privatbesitz über und wurden mit einigen zugekauften Heng sten auf die wichtigsten Deckstationen verteilt.

Die neugebildeten Pferdezuchtkommissionen von Bozen und Meran erarbeiteten Vorschläge für die Forcierung der Zucht, die folgende Schwerpunkte beinhalteten:

- Durchführung einer geordneten Hengsthaltung,
- Abgrenzung der Zuchtgebiete für die Rassen Haflinger und Noriker, um Kreuzungen zu vermeiden,
- Förderung des Schauwesens,
- Beibehaltung der finanziellen Unterstützungen der Züchter zur weiteren Verbesserung der Stutengrundlage durch Ankaufsbeihilfen und Prämierungen.

Aufgrund der schlechten wirtschaftlichen Lage exportierte Italien in den Nachkriegsjahren eine Vielzahl bester Zuchtstuten nach Österreich, was sich auf die eigene Zucht nachteilig auswirkte. In den dreißiger Jahren erfolgten nochmals Zuchttierexporte nach Bayern und wiederholt nach Österreich, so daß insgesamt etwa 350 Zuchtstuten zum Verkauf gelangten und der Bestand in Südtirol 1938 nur noch 168 reingezogene Zuchtstuten, sogenannte „Edelweiß"-Stuten, umfaßte. Der 1. Band des Stammbuches der in Südtirol gezüchteten Haflinger erschien im Jahre 1931, womit die Haflinger Rasse gleichzeitig eine Aufwertung erfuhr.

Während des 2. Weltkrieges kam die Zuchtarbeit abermals zum Erliegen und wurde 1946 wieder aufgenommen. Die Gründung des Verbandes der Südtiroler Haflinger-Pferdezuchtgenossenschaft, Alto Adige, im Jahre 1947 trug dazu bei, daß sich durch dessen Tätigkeit der Haflinger über das ganze Land bis nach Sizilien verbreiten konnte. Da sich die Hengste im Besitz des Verbandes befanden, bestand die Möglichkeit, die Hengste auf den Stationen entsprechend ihrer Abstammung und Vererbung sowie der vorhandenen Stutengrundlage auszutauschen und gezielt einzusetzen. Im weiteren oblag dem Verband die Führung des Stammbuches, wobei eine Kommission die Eintragung der Stuten vornahm und Empfehlungen für die Aufzucht der Fohlen von Stammbuchstuten gab. Diese Maßnahmen trugen dazu bei, daß die Haflinger Zucht eine positive Entwicklung zu verzeichnen hatte, die bei den jährlichen Versteigerungen auf der Bozener Messe und auf dem Hengstmarkt in Verona zum Ausdruck kam.

Neben der Arbeit des Zuchtverbandes begannen einige Institute mit der Verdrängungskreuzung durch Haflinger Hengste. Da die Kreuzungsprodukte den gewünschten Zielen entsprachen, nahm ihre Zahl ständig zu. Bis in die fünfziger Jahre entwickelte sich der Bestand an Kreuzungstieren analog dem der reingezogenen Haflinger Stuten. In der Folgezeit wurde jedoch Hauptaugenmerk auf die Reinzucht und deren qualitative Verbesserung gelegt, so daß sich der Bestand an Kreuzungsprodukten nicht vergrößerte. Um die Qualität der Hengste zu verbessern, erfolgte 1964 ein Import von 2 Zuchthengsten aus Nordtirol.

Die Einsatzgebiete der Haflinger und deren Kreuzungstiere lagen und liegen im wirtschaftlichen Bereich der kleinen und mittleren Landwirtschaftsbetriebe der Gebirgsgebiete, die nur bedingt Möglichkeiten der Verwendung von Traktoren und Maschinen zulassen. In zunehmendem Maße werden sie in der Freizeit und im Sport genutzt.

Im Jahre 1984 umfaßte der Zuchttierbestand in Südtirol etwa 2000 Haflinger Stuten und 28 Hengste, wobei noch ein Drittel der Stuten Kreuzungstiere sind. Italien verfügte 1984 über einen Haflinger Zuchtbestand von etwa 5700 Stuten und 251 Hengsten.

2.2. Entwicklung der Haflinger Zucht in Nordtirol und Österreich

Nachdem Österreich das Hauptzuchtgebiet des Haflingers – Südtirol – nicht mehr zur Verfügung stand, war das Ackerbauministerium vor die Frage gestellt, wie die Zucht des Haflingers weitergeführt bzw. wieder aufgebaut werden sollte. In Österreich hatte der Haflinger nur in wenigen Gebieten und in einzelnen Privatgestüten Fuß gefaßt, so daß neue Zuchtgebiete erschlossen werden mußten.

Sehr bald entschloß sich das Österreichische Ackerbauministerium, die Haflinger Zucht aufzubauen, wobei das zu Südtirol benachbarte und in seinen natürlichen Bedingungen ähnlich gelagerte Nordtirol als Zuchtgebiet ausgewählt wurde. Das Obere Inntal, das Ötztal, das Stubaital und die Wildschönau haben die gleichen Bedingungen, unter denen sich der Haflinger im Tschöggelgebiet geformt hatte, aufzuweisen. Auch unter den Bauern mit ihrer großen tierzüchterischen Tradition fand dieses Pferd sehr bald Freunde, Züchter und umsichtige Förderer.

Im Jahre 1919 bezogen bereits Haflinger Hengste ihre neuen Beschälstationen, die in Nordtirol, speziell in Serfaus, Zams, Längenfeld, Innsbruck und Wildschönau gelegen waren. 1921 erfolgte die Gründung des ersten Zuchtverbandes, der sich über das Gebiet von Zams, des Oberen Inntales, des Ötztales, von Imst und Silz erstreckte. Obwohl nunmehr organisatorisch einige Voraussetzungen geschaffen waren, blieb das Hauptproblem, die Beschaffung von Zuchtstuten, offen. Zwar erhielten die Züchter aus dem aufgelösten Huzulen-Gestüt Waldhof die Stuten zugewiesen, die über den Weg der Verdrängungskreuzung züchterisch genutzt werden sollten, doch war der Zuchtaufbau ohne Originalstuten nicht denkbar. Erst der Ankauf von 100 Originalstuten aus Südtirol ergab eine Anfangsbasis, die bald im Austausch gegen Hengste erweitert werden konnte. Der Austausch gab beiden Zuchtgebieten das jeweils erforderliche Material, so daß Süd- und Nordtirol, wenn auch mit unterschiedlicher Kapazität, Erfahrung und Tradition ihrem bodenständigen Bergpferd eine Perspektive gaben. In Nordtirol machte die neue Zuchtrichtung sehr große Fortschritte. Während 1926 mit Stuten des Vereins Zams das Grundbuch angelegt und nur Original Haflinger Stuten eingetragen wurden, konstituierten sich bereits 1927/28 neue Zuchtvereine in Weer und Wildschönau, denen weitere folgten, so daß schließlich 1938 zehn Vereine den Tiroler Zuchtverband bildeten.

Nach 1938 begann ein sprunghaftes Ansteigen der Haflinger Zucht. Da ein sehr großer Bedarf an Tragetieren für die Gebirgstruppen bestand, kaufte die faschistische Wehrmacht alle verfügbaren Haflinger und haflingerähnlichen Tiere auf. Infolgedessen wurde keine Qualitäts-, sondern nur noch Quantitätszucht betrieben, was sich auf die eigentliche Zucht sehr nachteilig auswirkte. Die Wehrmacht übernahm nicht nur die bereitgestellten Nutzpferde, sondern sie errichtete auch Fohlenhöfe, in denen die Haflinger Fohlen und die Kreuzungsfohlen aufgezogen wurden.

Der Fohlenhof in Zams erhielt den Auftrag, die besten reingezogenen Haflinger Hengstfohlen aufzunehmen, bis zum Alter von vier Jahren aufzuziehen und dann der Zuchtleitung für die Auswahl der Vatertiere zur Verfügung zu stellen. Da während dieser Zeit die Wehrmacht Wert auf kleinere Haflinger für die Verwendung als Tragtier legte, gelangten nur die kleinsten und edelsten Hengste zur Weiterzucht, so daß viele Haflinger zur Eintragung kamen, die dem Typ und Modell des klassischen Haflingers nicht entsprachen und große Rückschläge in den Folgegenerationen mit sich brachten.

Mit dem Ende des Krieges brach der Absatz der Fohlen zusammen, so daß ein Überschuß vorhanden war. Aus diesem Grund beschloß der Haflinger Pferdezuchtverein Zams, die Reinzucht einzuführen und sprach ab sofort ein Belegverbot für alle nicht in das Stutbuch eingetragenen Stuten aus. Die anderen Haflinger Zuchtvereine Tirols schlossen sich dieser Entscheidung zwei Jahre später an, so daß der Haflinger Zuchtverband Tirol ab 1947 seine Haflinger Zucht nur auf der Basis der Reinzucht aufbaute. Neben der Einführung der Reinzucht stellte sich bald die Notwendigkeit heraus, das Zuchtziel zu ändern und auf ein „Universalpferd“ zu orientieren, das in einem etwas massiveren Typ stand und einen größeren Rahmen aufwies.

Um eine einheitliche Hengstaufzucht zu gewährleisten und den Hengstnachwuchs zu sichern, wurde 1947 der verbandseigene Hengstaufzuchthof in Ebbs bei Kufstein gegründet. Im gleichen Jahr erfolgte die Sichtung des gesamten Stutenmaterials, die 1958 wiederholt wurde. Durch zuchtfördernde Maßnahmen, die die Hengsthaltung, die Vatertierbeschaffung, die Aufstellung von Hengstanwärtern, die Eintragungen der Stuten und die Vergabe von Brandzeichen beinhalteten sowie die Streichung der Stammbuchstuten und Stuten der Qualitätsklasse IV aus dem Zuchtbuch gelang es, das Niveau des gesamten Stutenbestandes maßgeblich anzuheben. Tirol erreichte damit eine Zuchtqualität, die es rechtfertigte, vom „Hochzuchtgebiet“ der Haflinger zu sprechen.

Heute verfügt das Zuchtgebiet Tirol über eine große Zahl genetisch konsolidierter Stutenfamilien, die sich durch hohe Erbsicherheit auszeichnen. Aus diesen wird der Bedarf an Hengsten für das eigene Land, nach gezielter Verpaarung und nach scharfer Selektion, gedeckt. Seit 1948 sind etwa 180 Hengste in andere Länder verkauft worden, so daß Tirol an der quantitativen und qualitativen Entwicklung der Haflinger Population einen entscheidenden Anteil hat. Die Ergebnisse mehrerer internationaler Ausstellungen belegen die züchterische Führungsrolle des Zuchtgebietes Tirol bis in die Gegenwart.

Wie in Tirol begannen auch die anderen Bundesländer, außer dem Burgenland, mit der Zucht des Haflinger Pferdes und schufen Zuchtinseln. So befindet sich in der Steiermark seit 1905 das Haflinger Gestüt Kallwang, das seine Zucht von Anfang an auf Original Haflinger Stuten aufbaute und damit zur Förderung der Zucht in der Steiermark beitrug. In Ober- und Niederösterreich, Kärnten und Salzburg entwickelte sich die Haflinger Rasse über bäuerliche Züchter, die später Zuchtgenossenschaften gründeten und bald ebenfalls Qualitätszuchten zu verzeichnen hatten. Um eine einheitliche Regelung der Zucht für alle Haflinger Zuchtverbände zu sichern, wurde 1947 die Haflinger Arbeitsgemeinschaft Österreichs gebildet und ab 1957 für das ganze Land die Reinzucht eingeführt.

Der Stuten- und Hengstbestand in den einzelnen österreichischen Bundesländern erreichte im Jahre 1985 die in Tabelle 1 zusammengestellte Kapazität. Österreich hat somit einen Bestand von 4997 Stuten und 163 Hengsten zu verzeichnen und liegt demzufolge bestandsmäßig in der gleichen Größenordnung wie das Ursprungsland Südtirol und sein Hinterland Italien.

Tabelle 1. Zuchtbestand der Bundesländer Österreichs 1985

Bundesland	Hengste	Stuten
Tirol	36	1625
Vorarlberg	5	285
Oberösterreich	16	560
Niederösterreich	31	701
Steiermark	41	702
Kärnten	18	605
Salzburg	15	512
Burgenland	1	7
gesamt	163	4997

2.3. Entwicklung der Haflinger Zucht in Bayern und der BRD

Vor dem 1. Weltkrieg erfolgten vereinzelt Versuche, den Haflinger in Bayern einzuführen und eine Zucht aufzubauen, die jedoch scheiterten, da der „Oberländer“ als bodenständiger Schlag des norischen Pferdes weit verbreitet war und seine Stellung als Bauernpferd behauptete. Trotz der gescheiterten Versuche entstand nach dem 1. Weltkrieg eine zahlenmäßig kleine Zucht des Haflingers in Bayern. Bis zur staatlichen Förderung in den 30er Jahren waren etwa 80 Stuten vorhanden. Durch das Interesse der faschistischen Wehrmacht an der Haflinger Rasse wurden im Jahre 1936 30 Stuten importiert, die im Haflinger Gestüt Wiesen bei Oberaudorf zur Aufstellung gelangten. Das Gestüt leitete Major a. D. Erhard, der zu dieser Zeit 2 Hengste besaß und der einzige Halter von Haflinger Hengsten der Region war. Die 30 importierten und die bereits vorhandenen Stuten bildeten den Grundstock der Haflinger Zucht Bayerns.

Im Jahre 1937 kaufte die faschistische Wehrmacht die ersten Fohlen an, stellte die Remonten im Boschhof bei München auf und erarbeitete 1938 ein Zuchtziel, das bis 1945 für die Züchtung des Haflingers bestimmend war.

Mit der Okkupation Österreichs durch das Deutsche Reich erfuhr der Haflinger Bestand Bayerns einen bedeutenden Anstieg. Aus Österreich gelangten 1938 insgesamt 168 und aus Südtirol 112 Haflinger Stuten nach Deutschland. Im gleichen Jahr begann die Errichtung der Heeresfohlenhöfe in Wiesen, Boschhof und Geschwend. Die faschistische Wehrmacht sicherte den Absatz der Fohlen, gab die zweieinhalbjährigen Stuten an die Züchter zurück und stellte Hengstanwärter für die Zucht zur Verfügung. Weiterhin traten Maßnahmen wie die Aufstellung entsprechender Hengste, Ankaufsbeihilfen beim Erwerb von Zuchtmaterial, Erhaltungs- und Aufzuchtprämien für Stuten und Stutfohlen sowie Beihilfen für Alpung von Fohlen in Kraft, die sich ebenfalls sehr fördernd auswirkten.

Nach Beendigung des 2. Weltkrieges geriet die Haflinger Zucht auch in Bayern ins Stocken. Durch die Auflösung der Heeresfohlenhöfe ging der Fohlenabsatz, speziell der Hengstfohlen, zurück, was niedrigere Belegungszahlen zur Folge hatte. Indem die Züchter ihren Pferden die Treue hielten, gelang es, die Krisenjahre zu überstehen, Anschluß an die Wirtschaftspferdezucht zu erreichen, den Haflinger als Ergänzungszugkraft zum Motor zu nutzen und damit den Fortbestand der Zucht zu sichern. Mit der Entwicklung der landwirtschaftlichen Produktion einhergehend, insbesondere mit ihrer Intensivierung, fand der Haflinger als „Allzweckpferd" immer mehr Verwendung im Voralpengebiet, in kleineren Betrieben des Mittelgebirgsraumes, im Hügelland sowie in Wein- und Gemüseanbaugebieten und löste die Rinderanspannung ab. Gleichzeitig gewährleistete er für die Züchter eine gute Einnahme.

Um die Züchter der einzelnen Zuchtgebiete zusammenzuschließen, kam es in Bayern zur Gründung folgender drei Haflinger Pferdezuchtgenossenschaften:

Oberbayern – Oberland, Sitz in München,
Chiemgau, Sitz in Traunstein und
Loisachtal, Sitz in Tölz.

Parallel hierzu bildete sich in Schwaben die Genossenschaft Oberallgäu mit Sitz in Immenstadt heraus. Von den Pferdezuchtgenossenschaften und den zuständigen Pferdezuchtverbänden wurden Zuchtmaßnahmen beschlossen und kontrolliert. Desweiteren erfolgte durch den Pferdezuchtverband Oberbayern die Führung eines zentralen Hengst- und Stutbuches für Bayern, in welches nur Original Haflinger Hengste und Stuten zur Eintragung kamen. Im Jahre 1984 umfaßte der Bestand 2470 Stuten und 92 Hengste.

Nachdem die Haflinger Zucht in Bayern erfolgreich Fuß gefaßt hatte, bemühten sich auch andere Bundesländer der BRD, wie Niedersachsen (1951), Westfalen (1952/53), Baden-Württemberg (1954), Saarland (1961) sowie Hessen (1963), die Haflinger Zucht aufzubauen.

Im Jahre 1984 hatte die BRD den Bestand an Haflingern lt. Tabelle 2. Diese Zahlen dokumentieren die große Bedeutung, die die Haflinger Zucht in der BRD erlangt hat. Neben Italien und Österreich weist die BRD den größten Haflinger Zuchtbestand auf. Der große Haflinger Bestand der BRD ist in sofern beachtenswert, als in einigen Bundesländern die Fjordpferdezucht in relativ hohem Maße betrieben wurde, und der Haflinger im Fjordpferd einen starken Konkurrenten hatte und sich bewähren mußte.

Tabelle 2. Zuchtbestand der Bundesländer in der BRD 1984

Bundesland	Hengste	Stuten
Baden-Württemberg	26	500
Bayern	92	2470
Hannover (P)[1]	29	372
Hessen (P)	12	280
Rheinland	31	306
Rheinland-Pfalz – Saar	34	291
Westfalen	59	1189
Schleswig-Holstein	13	103
Weser-Ems (P)	13	144
gesamt	309	5655

1 (P)= Ponyzuchtverband

Innerhalb der Gruppe der Kleinpferde hat sich der Haflinger einen sehr festen Platz erobert und nimmt mit 29,4 % den ersten Rang gefolgt vom Deutschen Reitpony (28,4 % des Kleinpferdebestandes) ein. Da der Haflinger nicht nur in der Freizeit und im Sport Verwendung findet, sondern auch in der Wirtschaft zum Einsatz kommt, hat er in der BRD sehr an Bedeutung und Beliebtheit gewonnen.

2.4. Verbreitung nach dem 2. Weltkrieg

Die Hauptverbreitung erfuhr das Haflinger Pferd nach dem 2. Weltkrieg. Bedingt durch die Technisierung des landwirtschaftlichen Zugprozesses ist ein starker Rückgang des Pferdebestandes eingetreten. Während des Technisierungsprozesses hat das Pferd zeitweilig die Rolle einer Ergänzungskraft übernommen. Wurde früher in der Wirtschaftspferdezucht den großen und schweren Typen der Vorrang gegeben, so kamen zu dieser Zeit die futterdankbaren kleineren Wirtschaftsrassen in den Vordergrund. Während der Motor das Großpferd in seiner Verwendung sehr bedeutend einengte, war er ein Wegbereiter des Kleinpferdes im Wirtschaftstyp, der vom Haflinger bestens verkörpert wurde. Zu den älteren, bisher genannten Zuchtgebieten haben sich unter diesem und anderen Aspekten eine Reihe neuer Zuchtländer dazugesellt. Bis 1980 stieg die Zahl der Zuchtländer auf mehr als 30 an, womit eine Ausweitung der Rasse auf alle Kontinente einherging.

Eine der wesentlichsten Ursachen der schnellen Ausbreitung des Haflingers liegt in seinen Eigenschaften. Sein Charakter, sein Temperament, seine hohe Gelehrigkeit und sein Fleiß machen es möglich, ihn in der Touristik, Freizeit und im Sport wie auch in der Wirtschaft einzusetzen. In Tabelle 3 sind die Länder und das Jahr des ersten Importes von Haflingern ausgewiesen.

Die Verbreitung des Haflinger Pferdes erfolgte aus unterschiedlichen Motiven. Am Anfang bestand meist das Ziel darin, ein Wirtschaftskleinpferd als Ergänzungskraft zum Motor zu erhalten. Andere Länder versuchten, den Haflinger in der Ver-

Tabelle 3. Zusammenstellung der Haflinger züchtenden Länder und das Jahr ihres ersten Haflinger Importes

Importjahr	Land	Importjahr	Land
1874	Österreich } Ursprungsländer	1966	Belgien
1874	Italien }	1968	Bhutan (Himalaja)
1936/37	BRD (Bayern)	1973	Dänemark, Thailand, Australien, Kolumbien, Brasilien, Sommerset (Südwestafrika)
1952	Schweiz		
1954	Jugoslawien		
1956	DDR		
1958	USA (Illinois)	1974	Kanada, Schweden
1959	ČSSR	1975	Irland
1961	Niederlande, Türkei	nach 1975	Spanien, Polen, Ungarn, Marokko, Albanien, Tunesien, Malta, Namibia, Indien, Peru
1963	England		
1964	Frankreich		
		1983	Bulgarien

Tabelle 4. Zuchtbestände des Haflingers in einigen ausgewählten Zuchtländern. Nach S c h w e i s g u t 1980

Land	Zuchttierbestand (1980) Hengste		Stuten
Weltbestand	720		14000
Österreich	121		3496
davon Tirol	42		1530
Italien	184	etwa	5000
davon Südtirol	28		1611
BRD[1]	309		5655
davon Bayern[1]	92		2470
DDR[2]	60		1665
Niederlande	40		780
Frankreich	26		453
Schweiz	18		362
Belgien	17		266
Großbritannien	15		150
Türkei	9		128

1 Bestand 1984, 2 Bestand 1984

drängungskreuzung oder zur Gebrauchskreuzung bei bodenständigen Pferderassen einzusetzen. Schließlich lag das Hauptinteresse darin, ihn als Freizeitpferd zu nutzen.

Im Verlauf der Zeit hat sich die Verwendung des Haflingers in den meisten Ländern gewandelt, so daß er sehr vielseitig zum Einsatz kommt. Dadurch ist eine weitere Bestandserhöhung zu erwarten. In ausgewählten Ländern war 1980 die in Tabelle 4 ausgewiesene Zuchtkapazität erreicht, wobei der Weltzuchttierbestand etwa 720 Hengste und 14000 Stuten umfaßte.

In der 100jährigen Zuchtgeschichte des Haflinger Pferdes sind insgesamt 2460 Hengste züchterisch genutzt worden. S c h w e i s g u t (1980) hat die bereits bestehende Stammtafel aller Vatertiere, die auf den Stammhengst „249 Folie" zurückgehen und sich den 7 Blutlinien zuordnen lassen, vervollständigt. Bei der Zusammensetzung des aktiven Haflinger Hengstbestandes der Welt berücksichtigte S c h w e i s g u t nur die reingezogenen Haflinger Hengste. Vatertiere mit Fremdblut, solche mit Genanteilen des Arabischen Vollbluts, ließ er unberücksichtigt. Einheitlich stark sind die Blutlinienbegründer „Anselmo", „Massimo" und „Student" vertreten, während „Willi" einen gewissen Rückstand erkennen läßt und „Nibbio" sehr stark in Erscheinung tritt. Sehr schwach besetzt sind die „Bolzano" und die „Stelvio"-Linie. Ihr Fortbestand dürfte jedoch international nicht gefährdet sein.

Die Zucht des Haflinger Pferdes hat heute einen internationalen Status erreicht. Dieses ist das Ergebnis des technisch-ökonomischen Entwicklungsstandes einerseits und einer zielbewußten aufopferungsvollen Zuchtarbeit andererseits. Der Haflinger hat die Weltarena betreten und wird, solange Pferde für die Freizeit und Wirtschaft gezüchtet werden, diese nicht wieder verlassen. Der Weltbestand an Haflingern beläuft sich auf etwa 44500 Pferde; davon umfaßt der Zuchtstutenbestand etwa 14000 Tiere. Berücksichtigt man, daß vor 100 Jahren nur die 300 Stuten des Tschög-

Die Genügsamkeit und Leichtfuttrigkeit des Haflingers ermöglichen es, ihn auch auf weniger gehaltvollen Weiden aufzuziehen

Haflinger beim Weideaustrieb aus der Lehr- und Versuchsstation Börnchen/Erzgeb. der Leipziger Universität

Seit 30 Jahren ist der Haflinger in den Mittelgebirgslagen der DDR zu Hause (Kreis Marienberg im Erzgebirge)

Füchse mit weißem Langhaar in freier Bahn bieten ein anmutiges Bild

Tabelle 5. Aufteilung der Hengste auf die 7 internationalen Hengstlinien. Nach Schweisgut 1980

Linie	Geburtsjahr der Begründer	Ursprungsland	Hengstbestand seit Beginn der Zucht	1980
A – 999 Anselmo	1926	Österreich	229	133
B – Bolzano	1915	Italien	121	26
M – Massimo	1927	Italien	446	130
N – Nibbio (Niggl 2)	1920	Italien	569	204
S – Stelvio	1923	Italien	139	31
ST – Student 1074	1927	Österreich	378	113
W – 401 liz. Willi	1921	Österreich	278	83
Sonstige (Fremdblut)			300	nicht ermittelt
gesamt			2460	720

gelgebirges mit den dem heutigen Haflinger eigenen Merkmalen ausgestattet waren, so ist dieses eine phantastische Zuchtleistung.

Das Kapitel der Zuchtgeschichte sollte aber nicht abgeschlossen werden, ohne die drei Männer zu nennen, die in entscheidenden Momenten die Geschicke dieses Pferdes in solchen Bahnen lenkten, in denen sich der Haflinger zum heutigen Stande entwickeln konnte. Diese sind Graf Huym, der frühere Kommandant des Hengstdepots Stadl b. Lambach, Dr. K. Thurner, Geschäftsführer des Tiroler Zuchtverbandes bis 1945, und Ing. O. Schweisgut, der Geschäftsführer des Tiroler Zuchtverbandes von 1947 bis 1985 und unermüdliche Förderer des Haflinger Pferdes.

2.5. Entwicklung der Haflinger Zucht in der DDR

Die Haflinger Zucht der DDR nahm im Jahre 1956 mit einem ersten Import ihren konkreten Ausgangspunkt. Der Import ergab sich aus der Situation in der Landwirtschaft, die von der überwiegend bäuerlichen Struktur der landwirtschaftlichen Betriebe und von einer sich entwickelnden genossenschaftlichen Produktion gekennzeichnet war. Obwohl die Übernahme der schweren Zugarbeiten zunehmend durch die motorische Zugkraft erfolgte, entfielen nach Hartig (1955) zu dieser Zeit etwa 60 % der anfallenden Zugarbeiten in der Landwirtschaft auf die Pferde. Um die Wirtschaftlichkeit der Betriebe zu gewährleisten, bestand das Interesse an dem Einsatz eines geeigneten Wirtschaftskleinpferdes, das gegenüber den Großpferden erhebliche Vorteile wie geringerer Futteraufwand, reduzierter Haltungs- und Pflegeaufwand, sehr gute Umgänglichkeit und große Leistungsbereitschaft aufwies. In jener Zeit existierte jedoch in der DDR keine bodenständige Kleinpferdezucht, die den Anforderungen der Landwirtschaft Rechnung trug. Aus diesem Grund entschied man sich für den Import des Haflinger Pferdes, da es den genannten Erfordernissen am besten entsprach.

Durch die Initiative von F. Hofmann, Professor für Tierzucht an der Friedrich-Schiller-Universität Jena, wurden im Jahre 1956 die ersten 7 Haflinger Zuchtstuten, 1 Stutfohlen und 1 Zuchthengst aus Tirol (Österreich) importiert und in dem Lehr- und Versuchsgut des Institutes für Tierzucht Jena-Zwätzen stationiert, das damit den ersten Haflinger Zuchtbetrieb der DDR darstellte. Bis zum Jahre 1961 wurden insgesamt 51 Stuten und 5 Hengste gezielt käuflich erworben, wobei 47 Stuten und 4 Hengste aus Tirol und 4 Stuten sowie 1 Hengst aus Bayern stammten. Ein nochmaliger Import von 6 Hengstfohlen aus Tirol, von denen 5 in der Zucht zum Einsatz kamen, erfolgte 1975.

Die züchterische und wissenschaftliche Betreuung dieses Bestandes unterlag bis 1962, im Rahmen eines Forschungsauftrages, dem Tierzuchtinstitut der Universität Jena. Bearbeiter war H. J. Schwark, der in dieser Zeit zugleich das Staatliche Hengstdepot Moritzburg leitete. Es wurden Zuchtinseln aufgebaut, die den natürlichen Bedingungen folgend ausnahmslos im südlichen Raum der DDR, so im Saaletal, dem Thüringer Wald, der Rhön, im Elbsandstein- und Osterzgebirge und dem oberen Erzgebirge lagen. Nach Beendigung des Forschungsauftrages übernahm die staatliche Leitung der Pferdezucht die weitere Zuchtarbeit des Haflingers.

Im Laufe der Entwicklung änderte sich der Verwendungszweck des Haflingers. Im ständigen Einklang mit der Wirtschaftsentwicklung fand eine ständige Anpassung an die jeweiligen Erfordernisse statt. Während Anfang der sechziger Jahre der Haflinger im Typ des Wirtschaftskleinpferdes gefordert wurde, der als Ergänzungskraft des Schleppers in Gebirgsgebieten mit hohem Grünlandanteil bestens geeignet war, sollte er bereits Mitte der sechziger Jahre ein vielseitig verwendbares Wirtschafts-

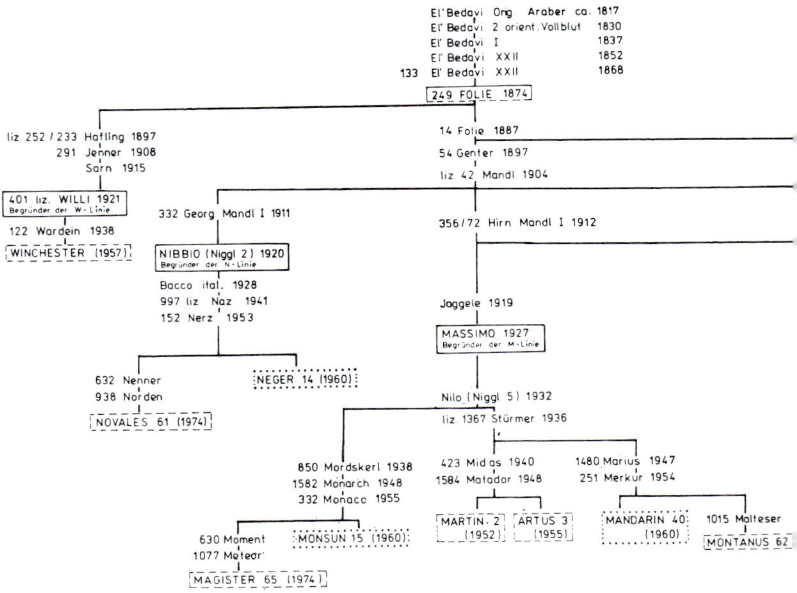

Darstellung 2.

Tabelle 6. Verteilung des Zuchtbestandes der DDR

Pferdezucht-direktion	Zuchtleitungs-bereich	Hengste (1985)	Stuten (1984)	
Nord	Rostock		143	286
	Schwerin	12	143	
Mitte	Stendal		210	391
	Neustadt/Dosse	12	181	
Süd	Dresden		426	998
	Weimar	36	562	
DDR	gesamt	60	1665	

kleinpferd sein. Mit der Verlagerung des Hauptverwendungsgebietes von der Land- und Forstwirtschaft auf die Reit- und Fahrtouristik orientierte das Zuchtziel von 1971 auf ein Kleinpferd im Vielzwecktyp. Neben den Merkmalen der Wirtschaft mußten nunmehr solche der Reiteignung Berücksichtigung finden.

Aufgrund seiner ausgezeichneten Eigenschaften und der vielfältigen Verwendungsmöglichkeiten fand der Haflinger bis zum Ende der sechziger Jahre über die ganze DDR Verbreitung. Seitdem sind Haflinger in allen Gebieten, von der Ostsee bis zum Erzgebirge, von der Altmark bis zur Lausitz, vertreten. Seit den Importen von 51 Stuten und 10 Hengsten hat sich der Bestand auf 1665 Stuten und 60 Hengste erhöht, wobei insgesamt etwa 1850 Stuten und 128 Vatertiere, einschließlich der

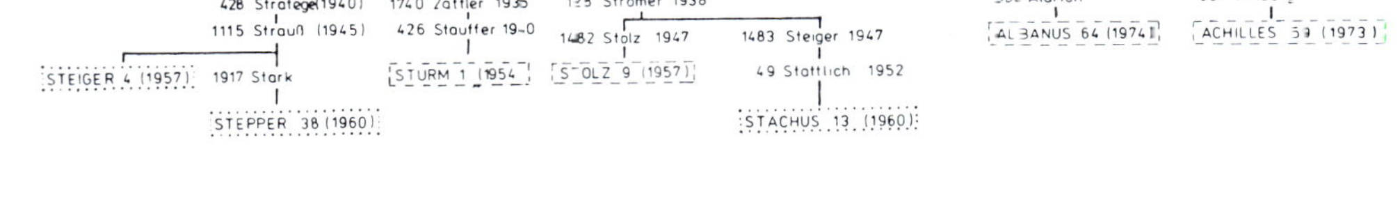

Darstellung der internationalen Hengstlinien der Haflingerzucht
in die DDR importierte Hengste
im Mutterleib importiert

Importtiere, in die Zucht eingestellt bzw. gekört wurden. Für den aktuellen Zuchtbestand liegt eine Verteilung auf die einzelnen Pferdezuchtdirektionen vor (Tab. 6).

Entsprechend der territorialen Entwicklung befindet sich das Gros des Zuchtbestandes im südlichen Raum der Republik. Die bedeutendsten Zuchtstätten des Haflinger Pferdes liegen in Thüringen und im Erzgebirge, aber auch im Harz und in Mecklenburg sind größere Zuchtbetriebe entstanden, die ausnahmslos dem landwirtschaftlichen Sektor angehören. Eine herausragende Stellung in der Haflinger Zucht nimmt das Volkseigene Gut Tierproduktion Meura, im Kreis Neuhaus/Thüringen gelegen, ein. Es verfügt über eine Kapazität von 161 Haflinger Zuchtstuten und einen Gesamtbestand von etwa 500 Pferden. Dieser Betrieb wird ähnlich einem Gestüt geleitet und hat eine Vielzahl von Aufgaben zu realisieren, wie

- Erzeugung von hochwertigen Hengsten,
- gezielter Einsatz von Vatertieren zur Erhaltung und Weiterentwicklung schwach besetzter Hengstlinien,
- Reproduktion des Stutenbestandes und Bereitstellung von Zuchtmaterial für die Landeszucht,
- Erzeugung von Stuten mit Hengstmütterqualität,
- Bereitstellung von Nutzpferden für die Forstwirtschaft,
- Produktion von Serum.

Im vorhergehenden Kapitel wurde aufgezeigt, daß sich im Verlauf der Entwicklung der Haflinger Zucht 7 Hengstlinien herausgebildet haben, die alle auf den Stammvater „249 Folie" zurückgehen.

In der DDR sind 5 der 7 Hengstlinien vertreten, die aufgrund der durchgeführten Importe von 1956 bis 1961 und 1975 in die Republik gelangten und hier eine weitere züchterische Bearbeitung erfahren haben. Gleichzeitig war die Möglichkeit gegeben, durch die tragenden Importstuten einen Teil der anfallenden männlichen Fohlen als Zuchthengste zu nutzen. Die Darstellung 2 beinhaltet die Zuordnung der Im-

Tabelle 7. Zusammensetzung des Zuchtbestandes nach Linien geordnet

Linie	Hengstbestand (1985)		Stutenbestand (1984)	
	absolut	relativ	absolut	relativ
999 Anselmo	8	13,33	52	3,12
Massimo	7	11,67	89	5,34
Nibbio	3	5,00	109	6,55
1074 Student	27	45,00	1048	62,94
davon Zweige				
Sturm 1	4	6,67	171	10,27
Stolz 9	2	3,33	202	12,12
Stachus 13	15	25,00	544	32,68
Stepper 38	6	10,00	131	7,87
401 Willi	10	16,67	258	15,50
Galib ben Afas ox	5	8,33	109	6,55
gesamt	60	100,00	1665	100,00

porthengste zu den Hengstlinien. Wie sich der gegenwärtige Vatertierbestand und der Stutenbestand von 1984 auf die Linien verteilen, ist Tabelle 7 zu entnehmen.

Die Zusammensetzung des Zuchtbestandes macht deutlich, daß die bedeutendsten Hengstlinien auch in der Haflinger Zucht der DDR vertreten sind. Gegenwärtig befinden sich zwar die Hengste der N-Linie in der Minderheit, doch ist in den nächsten Jahren ihre zahlenmäßige Erweiterung zu erwarten. Gleiche Tendenzen zeigen sich im Stutenbestand, wobei hier eine größere disproportionale Verteilung vorliegt. Durch die verstärkte züchterische Nutzung der Vatertiere der A-, M- und N-Linie ist eine günstigere Proportionalität in den nächsten Jahren erreichbar. Eine für die DDR spezifische Linie ist die nach dem Arabischen Vollbluthengst, Galib ben Afas ox 1273, benannte. Sie entstand durch den begrenzten Einsatz dieses Beschälers in die Haflinger Population, worauf im Kapitel 4 eingegangen wird.

Der erreichte hohe Stand der Haflinger Zucht ist das Ergebnis der einheitlich staatlich geleiteten, organisatorischen und züchterischen Einflußnahme durch die Zentralstelle für Pferdezucht der DDR. So nehmen die Pferdezuchtdirektionen über ihre territorial nach Bezirken gegliederten Zuchtleitungen die erforderlichen zuchtorganisatorischen Aufgaben wahr. Sie bestehen u. a. in

- der Betreuung der Pferdezuchtbetriebe,
- dem Einsatz der Vatertiere und der Auswahl der Hengstanwärter,
- der Sicherung der Reproduktion (Aufzucht, Nutzungsdauer, Anpaarung, Selektion),
- der Durchführung der Stuteneintragung und -leistungsprüfung
- der Führung des Zuchtbuches,
- der Handelstätigkeit und in
- der Durchführung von Zucht- und Schauveranstaltungen

Alle Maßnahmen sind auf die Weiterentwicklung und auf den züchterischen Fortschritt ausgerichtet. Sie treffen in gleichem Maße für die Haflinger wie für die anderen Pferderassen der DDR zu.

Bis zur Gegenwart zeichnete sich eine kontinuierliche Steigerung im Bestandsumfang ab. In den nächsten Jahren ist jedoch eine Stabilisierung der Bestandsgröße zu erwarten, da der bestehende Bedarf an Haflinger Pferden abgesichert werden kann. Aus diesem Grund wird die zukünftige Zuchtarbeit auf eine weitere Qualitätsverbesserung des Zuchtmaterials orientieren.

3. Merkmalsausprägung

Die Zucht des Haflinger Pferdes ist heute international nach Gesichtspunkten vielseitiger Verwendbarkeit ausgerichtet. Unter Einbeziehung standortspezifischer Variationen wird allerorts eine enge Anlehnung an den Tiroler Originaltyp gesucht, was allen Zuchtgebieten weitestgehend gelungen ist. Den Hauptausschlag bildet – wie in anderen Zuchten – die zweckmäßige und zielgerichtete Selektion. Tiere, die unter geänderten Umweltbedingungen dem Zuchtziel voll entsprechen, werden in der Zucht zum Tragen gebracht. Sie sind die beste Gewähr für die Erhaltung des Typs, und sie herauszufinden, ist die entscheidendste Zuchtarbeit auf dem Weg zum Erfolg.

3.1. Körpermaße

Der angestrebte Typ des Haflingers verkörpert ein Pferd, das gut proportioniert ist, über genügend Größe und Rahmen verfügt, wobei das betonte Langrechteckformat in Grenzen gehalten wird. Es soll ein Mindestmaß an Reitpferdemerkmalen vorliegen.

Mittels Körpermessungen ist es möglich, Aussagen über die Größe, das Format, den Rahmen und das Kaliber eines Pferdes zu treffen, die für die entsprechenden Verwendungsbereiche von erheblicher Bedeutung sind. Während die Größe in der Widerristhöhe zum Ausdruck kommt, wird das Format vom Verhältnis der Widerristhöhe zur Rumpflänge bestimmt. Nach Heling (1955) ist unter dem Rahmen zu verstehen, wenn ein Pferd über viel Boden steht, durch viel Hals und lange Linien, der Hinterhand, insbesondere der Kruppe und des Beckens, gekennzeichnet ist und über eine gute Breite und Tiefe des Rumpfes verfügt. Das Kaliber drückt sich im Verhältnis der Widerristhöhe und des Brustumfanges zur Röhrbeinstärke aus.

Tabelle 8. Vergleich der Körpermaße von Haflinger Stuten aus Untersuchungen verschiedener Autoren (3jährig)

Körpermaße	v. Pretz, 1925	Krippl, 1958	Schwark, 1961		Petzold, 1982	
	Südtiroler Stuten	Bayer. Stuten	Import-stuten Tiroler Stuten	boden-ständige Stuten DDR	Stuten der DDR (Populations-mittel)	Stuten (Stations-leistungs-prüfung) DDR
Widerristhöhe	137,0	137,0	137,4	137,7	136,9	137,3
(cm)	134–140		133–142	135–138	130–147	131–145
Kruppenhöhe	139,0	–	139,7	139,6	–	138,7
(cm)	135–143		134–144	137–142		132–146
Rumpflänge	141,3	–	148,8	145,7	144,0	143,7
(cm)	134–154		142–150	141–155	128–159	137–153
Brusttiefe	63,0	65,0	60,9	62,7	63,0	63,9
(cm)	60–67		55–64	56–65	56–74	61–68
Brustumfang	167,8	173,0	177,4	179,2	174,0	170,6
(cm)	153,5–186		165–203	176–191	153–204	161–182
Vorderbrustbreite	35,4	–	39,7	40,6	–	–
(cm)	32–39		38–42	38–42		
Hüftbreite	47,1	–	51,6	50,6	–	–
(cm)	44–52		47–53	48–53		
Röhrbeinumfang	18,5	18,4	18,7	19,0	18,1	18,7
(cm)	17,5–19,5		18–19,5	18,5–20,5	16–21	17–21
Kopflänge	56,0	–	50,7	52,0	–	51,3
(cm)	54,5–59		49–53	51–53		48–58
Stirnbreite	21,0	–	22,2	22,6	–	20,9
(cm)	19,5–22		21–23	22–23		20–23
Körpermasse	–	430,0	436,8	435,4	–	403,0
(kg)			405–495	402–486		334–465

Tabelle 9. Körpermaße und -masse von Haflinger Zuchthengsten

Körpermaß	Importhengste aus Tirol 1962	in der DDR gezogene Hengste 1962	bodenständige Hengste 1980—1984
Widerristhöhe (cm)	136,7	136,0	140,0
Kruppenhöhe (cm)	139,7	137,3	141,2
Rumpflänge (cm)	146,2	145,0	145,7
Brusttiefe (cm)	60,7	60,0	65,2
Brustumfang (cm)	176,5	179,6	173,9
Vorderbrustbreite (cm)	41,5	41,0	42,7
Hüftbreite (cm)	50,2	49,5	–
Röhrbeinstärke (cm)	20,2	19,7	19,8
Körpermasse (kg)	465,7	464,0	443,4

Alle zurückliegenden Ergebnisse über Körpermessungen von Haflingern verdeutlichen eine große Einheitlichkeit. Dies spricht von einer hohen genetischen Konsolidiertheit der Typ- und Körpermerkmale. Die Tabellen 8 und 9 zeigen, daß im Zeitraum von nahezu 50 Jahren keine wesentlichen Unterschiede bestanden. Davon unabhängig haben sich sowohl Exterieurmängel beseitigen als auch die Leistungseigenschaften manifestieren lassen.

Die auftretende Einheitlichkeit hat nicht nur genetische, sondern in gleichem Maße selektive Ursachen. Es ist ohne weiteres möglich, das eine oder andere Merkmal bzw. Körpermaß den Anforderungen entsprechend zu verändern. So fanden seit Ende der 70er Jahre, mit der Umstellung des Haflingers auf ein Vielzweckmodell, für den direkten Züchtungsprozeß vordergründig solche Tiere Verwendung, die sich durch eine größere Widerristhöhe und lange Linien als Merkmale der Reiteignung auszeichneten. Auf dem Weg zielgerichteter Selektion war es möglich, in den vergangenen Jahren diese Forderung zu erreichen, was die Ergebnisse der aufgezeigten Kör- und Eintragungsjahrgänge der Hengste und Stuten in bester Weise demonstrieren (Tab. 10). Analoge Tendenzen zeigen sich auch bei den Stuten der Zuchtgebiete Niederösterreich und Tirol, die auf zentralen Schauen zur Vorstellung kamen (Tab. 11).

Tabelle 10. Entwicklung der durchschnittlichen Widerristhöhe (WH) und des Röhrbeinumfanges (Rö) bei Haflinger Hengsten und Stuten der DDR (3jährig, cm)

Hengste			Elitestuten			Stuten der Gesamtpopulation		
Körjahr	WH	Rö	Eintragungsjahr	WH	Rö	Eintragungsjahr	WH	Rö
1974	134,5	19,5	1973	135,4	18,4	1973	136,9	18,1
1976	136,5	18,6	1975	136,4	18,0	1976	136,7	17,7
1978	137,6	19,4	1978	138,4	17,5	1978	136,5	17,9
1981	139,4	19,4	1981	140,0	18,2	1981	138,0	18,7
1983	140,7	19,8	1983	140,6	18,1	1983	138,8	18,4

Tabelle 11. Entwicklung der Widerristhöhe (WH) und des Röhrbeinumfanges (Rö) von 3jährigen Stuten aus den Zuchtgebieten Niederösterreich und Tirol (cm)

Niederösterreich			Tirol	
Eintragungs-jahr	WH	Rö	Eintragungs-jahr	WH
1977	135,6	18,0	1953	135,5
1978	137,2	17,8	1963	134,9
1981	138,2	18,3	1973	135,4
1983	137,9	17,9	1983	138,4

Hinsichtlich der Körpermaße bleibt für die Haflinger Rasse insgesamt zu sagen, daß die züchterischen Bemühungen darauf ausgerichtet sind, die über nahezu 50 Jahre konstant vorliegende Größe in positiver Richtung zu verändern. Es bleibt somit zu erwarten, daß das Haflinger Pferd in der nächsten Generation größer, sich durch eine großzügigere Linienführung auszeichnen und damit der vielseitigen Verwendung mehr Rechnung tragen wird.

3.2. Typ und Exterieur

Allergrößter Wert wird beim Haflinger auf die Form des Kopfes und den damit verbundenen Ausdruck gelegt. Der Haflinger Züchter sieht hierin eine Widerspiegelung der Gesamtveranlagung des Tieres. Erwünscht ist ein kurzer, trockener, am Nasenrücken leicht eingesattelter Kopf mit breiter Stirn, großen Augenbogen und mit lebhaften, großen, dunklen Augen, großen Nüstern und kleinen, sehr beweglichen Ohren. Im Vergleich zu anderen Rassen hat der Haflinger einen absolut und somit relativ kleinen Kopf und kommt in seinen Proportionen dem Araber und Trakehner Warmblutpferd nahe (Tab. 12).

Bei einem absolut kurzen Kopf zeigen die Stirnlänge und Stirnbreite den größten relativen Anteil. Der Kopf ist somit im Stirnteil besonders stark ausgeprägt und

Tabelle 12. Kopfmaße verschiedener Rassen im Verhältnis zur Kopflänge

Rasse	Autor	Zahl der Pferde	Kopflänge (cm)		Stirnlänge (cm)		Stirnbreite (cm)	
			abs.	rel.	abs.	rel.	abs.	rel.
Haflinger	Schwark, 1961	35	53,8	100	25,9	48,4	22,0	40,9
Haflinger	Petzold, 1982	58	51,3	100	23,3	45,2	20,9	40,7
Trakehner Warmblut	Flade, 1966	55	61,3	100	27,6	45,0	23,1	38,0
Mecklenburger Kaltblut	Flade, 1966	105	68,2	100	29,9	44,0	25,2	37,0
Vollblutaraber	Flade, 1966	7	54,6	100	24,6	45,0	20,8	38,0

verleiht in Verbindung mit den markierten Augenbogen den Pferden das typische Aussehen. Die große Ähnlichkeit mit den Köpfen vom Araber bzw. Trakehner Warmblut ist sicher auf die gemeinsamen Vorfahren zurückzuführen, wobei, wie bereits gesagt, den Züchtern des Haflingers immer daran lag, den arabisierten Kopf als Rassenmerkmal zu erhalten. Der Hals soll lang und konvex geschwungen und gut aufgesetzt und bemuskelt sein. Ungenügende Freiheit in der Ganasche und zu starke Bemuskelung des Unterhalses sind als Fehler anzusehen.

Am Rumpf des Tieres konzentrieren sich die Anforderungen auf entsprechende Proportionen zwischen Vorder-, Mittel- und Hinterhand. Bei angemessener Brusttiefe von etwa 45–46 % und guter Rippenwölbung wird eine schräg gelagerte Schulter und ein gut markierter Widerrist verlangt. Die Mittelhand soll nicht überbetont lang sein, doch sind Breite und Festigkeit des Rückens die diesbezüglich ausschlaggebenden Merkmale. Neben guten Übergängen fordert man im weiteren eine genügend lange, breite und leicht geneigte Kruppe mit weit herabreichender Bemuskelung. Der Schweif soll in Verbindung zur erwünschten Kruppenform möglichst hoch angesetzt sein.

Größter Wert wird auf die Gliedmaßen gelegt. Sie sollen trocken sein, wenig Behang aufweisen. Im weiteren sind harte, gut geformte Hufe erwünscht. Die Bemuskelung soll sowohl an den Vorder- als auch Hintergliedmaßen deutlich markiert sein. Das gleiche trifft für die Gelenke zu. Teilweise zeigt sich ein schwach ausgeprägtes Sprunggelenk mit starker Gliedmaßenwinkelung. Diese Erscheinungen sind als Merkmale des Landschlages zu bewerten und bedürfen der weiteren selektiven Bearbeitung.

Bezüglich der Gänge werden analog den Großpferden korrekte und raumgreifende Bewegungen verlangt. Die als normal zu bezeichnende Arbeitsgeschwindigkeit des Haflingers ist in erster Linie auf eine erhöhte Schrittfolge zurückzuführen, wie es bei allen Kleinpferden der Fall ist. Unabhängig hiervon ist dem Raumgriff große Aufmerksamkeit zu schenken.

Auf weitere Einzelheiten des Exterieurs, des Rahmens und des Kalibers wird im Abschnitt „Wachstum und Entwicklung“ eingegangen.

In der Farbausprägung ist heute nur noch die des Fuches bekannt und stutbuchfähig. Während früher auch Braune und Rappen vorgekommen sind, ist aufgrund des homozygot rezessiven Erbganges dieser Farbe nur noch der Fuchs anzutreffen. Andere Farben können demzufolge auch nicht mehr auftreten, doch ist die Fuchsfarbe in einer sehr breiten Variante zu finden. Sie reicht mit allen Zwischenstufen vom Kohl- bis zum Lichtfuchs. Rotfüchse sind dabei weniger beliebt, hingegen wird die Koppelung einer hellen Mähne mit der Farbe des Kohl- oder Lichtfuchses von Liebhabern sehr gern gesehen. Ebenfalls gern gesehen sind angemessene Kopfabzeichen, die von der Flocke bis zur normalen Blesse reichen. Eine zu starke Ausprägung der Kopfabzeichen, wie auch weiße Gliedmaßen, sind berechtigt unerwünscht, da diese meist dominant vererbt werden und bei ungenügender Berücksichtigung sehr bald Fehlfarben bzw. Fehlabzeichen hervorrufen würden. Gleichfalls unerwünscht ist eine starke Stichelhaarigkeit, die unter Umständen zur rezessiven Scheckung führen kann.

In der Gesamtheit muß den Züchtern des Haflinger Pferdes bestätigt werden, daß sie auch in der Farbwahl und Farbkombination die entsprechende Einheit zum

Modell des Pferdes hergestellt haben. Nicht zuletzt ist es auch der farblich-optische Eindruck, der immer wieder erneut Menschen auf dieses Pferd aufmerksam werden läßt.

Neben den vom Exterieur geprägten Merkmalen verfügt der Haflinger über eine Reihe von Charakter- udn Leistungsmerkmalen, die seine Vielseitigkeit bedingen. So zeichnet er sich durch einen hervorragenden Charakter mit ausgeglichenem Temperament und durch nervliche Stabilität aus. Diese Eigenschaften sind insbesondere in der Reittouristik erforderlich, um reiterlich wenig qualifizierten Menschen die Möglichkeit zu bieten, den Haflinger als Reitpferd zu nutzen.

Eines der Hauptmerkmale des Haflingers ist das große Arbeitsvermögen und die damit verbundene hohe Leistungsbereitschaft. Bezogen auf die Körpermasse und die Größe hat der Haflinger ein überdurchschnittliches Leistungsvermögen. Das mittlere Zugleistungsvermögen, gemessen in kp Zugwiderstand, liegt bei 200 kp Gespannleistung, das auch bei Dauerbelastung erbracht wird. Aus diesem Grund kommt der Haflinger nicht nur in der Fahrtouristik, sondern auch in der Forstwirtschaft zum Einsatz.

Weiterhin hat der Haflinger eine hohe Regenerationsfähigkeit und ein großes Anpassungsvermögen. Ursprüngliche Bedenken, daß der Haflinger nicht in der Lage ist, sich an bessere oder schlechtere Umweltverhältnisse anzupassen und dabei an Typ verliert, konnten abgebaut werden. Untersuchungen von Schweisgut (1980) haben ergeben, daß sich der Haflinger allen klimatischen und sonstigen Umwelteinflüssen anpassen kann, seinen Typ und die spezifischen Rasseeigenschaften beibehält und somit eine weltweite Verbreitung erfahren konnte.

4. Der Einsatz Arabischen Vollbluts in der Haflinger Zucht

Die Frage der Hereinnahme von Genanteilen des Arabischen Vollbluts in die Haflinger Population mittels der Veredlungskreuzung ist bis zum gegenwärtigen Zeitpunkt umstritten. Zum einen wurde in einigen Ländern, so im Zuchtgebiet Bayern (BRD) und in den Niederlanden die Araber-Einkreuzung sehr forciert, zum anderen in Ländern wie Österreich, speziell Tirol, und Frankreich nur Reinzucht betrieben. Über den Weg der Veredlungskreuzung verfolgten Bayern und die Niederlande das Ziel einer schnelleren Typumwandlung des Haflingers. Dies lag auch darin begründet, daß die Zuchtgebiete zum Teil schwere Typen des Haflingers angekauft hatten. Darüber hinaus sollte mit der Verbesserung der Reiteigenschaften nach Basenach (1977) und Trapp (1977) auf diesem Weg eine Marktlücke bei den Reitponys in Bayern geschlossen und dem Fortbestand der Rasse gedient werden.

Auf vielen Zuchtveranstaltungen gelangten größere Zahlen von Kreuzungsprodukten zur Vorstellung, wobei die F_1-Tiere als Übergangsform zur Produktion von R_1-Tieren betrachtet werden. Die R_1-Produkte kamen dabei dem modernen Haflinger sehr nahe. Besondere Beachtung fanden bei diesem Verfahren die Bewegungsabläufe und das korrekte Fundament sowie die Verbesserung der Reitmerkmale. Gute Zuchterfolge wurden allerdings nur in Verbindung mit einer strengen Selektion erreicht.

Das Ziel, zu einem Haflinger mit gut ausgeprägter Reiteignung zu gelangen, ist auch auf dem Weg der Reinzucht zu realisieren. Der Zeitaufwand ist jedoch beträchtlich höher. In Tirol ist auf der Basis der Reinzucht die Typumwandlung des Haflingers vom Wirtschaftspferd zum Vielzweckpferd gelungen, wobei der Haflinger in seinen interieuren Eigenschaften erhalten blieb. Während für die BRD, Frankreich, Österreich, Niederlande und andere Haflinger züchtenden Staaten nicht die Notwendigkeit bestand, über die Einkreuzung des Arabischen Vollbluts in die Haflinger Population Kleinpferde im Reittyp zu züchten, da sie über eine Vielzahl von Reitponyrassen verfügten, lag in der DDR eine andere Situation vor.

Um den Bedarf des Turniersports an Kleinpferden mit hoher Reitveranlagung abzudecken, wurde experimentell geprüft, inwieweit dieses über die Kreuzung von Haflinger Stuten mit Hengsten des Arabischen Vollbluts sinnvoll zu lösen wäre. Gleichzeitig sollte untersucht werden, ob das Leistungsspektrum des Haflingers über diesen Züchtungsweg den Anforderungen der vielseitigen Verwendung – insbesondere der reiterlichen Nutzung – in kurzer Zeit entsprochen werden kann. So kamen in der DDR seit 1969 zwei Arabische Vollbluthengste in der Haflinger Population zum Einsatz. Die Zielstellungen lassen sich folgendermaßen darstellen:

1. Vergrößerung des Rahmens. Hierbei wurde eine durchschnittliche Widerristhöhe von 143 cm bei einer Variation von 140–147 cm angestrebt
2. Verbesserung der Reitpferdemerkmale wie leichtes Genick, leichter, langer, konvex geformter Hals, langer markierter Widerrist, lange schräge Schulter, lange leicht geneigte Leistungskruppe und gut gewinkelte Gliedmaßen
3. Verbesserung von Leistungsmerkmalen wie Bewegungsabläufe, Raumgriff, Grundschnelligkeit und Springvermögen
4. Erhöhung der Merkmalsvarianz.

Bei der Realisierung dieser Ziele galt es zu beachten, daß die Grundeigenschaften des Haflingers wie Charakter, Temperament, nervliche Stabilität, Kaliber, Zugfestigkeit sowie Farbreinheit erhalten blieben.

Die F_1-Kreuzungsprodukte (50 % Arabisches Vollblut) ergeben sich ausnahmslos aus der Verpaarung von Arabischen Vollbluthengsten mit reingezogenen Haflinger Stuten, hingegen gehen die R_1-Tiere (25 % Arabisches Vollblut) aus der Rückkreuzung von F_1-Hengsten und F_1-Stuten mit reingezogenen Haflinger Stuten bzw. Hengsten hervor. Durch die weitere Verpaarung der R_1-Zuchtprodukte mit reingezogenen Haflingern entstehen die R_2-Tiere, die noch 12,5 % Genanteile des Arabischen Vollbluts führen (Darstellung 3).

Obwohl die Anzahl an Kreuzungsprodukten nicht sehr groß ist, lassen sich Grundkenntnisse der Kombination von Haflingern mit Arabischem Vollblut ableiten.

Bezüglich der Körpermaße ist eine Erhöhung des Widerristmaßes mit steigendem Genanteil des Arabischen Vollbluts bei den Stuten (Tab. 13) erkennbar. Gleichzeitig zeigt sich aber auch, daß durch selektive Maßnahmen eine Vergrößerung der Widerristhöhe erreicht werden kann, was in der Tabelle 13 zum Ausdruck kommt.

Ein Vergleich der Widerristhöhen des zuchtaktiven Stutenbestandes von 1980 mit den Eintragungsjahrgängen von 1983 und 1984 macht deutlich, daß bei allen Genotypen ein züchterischer Fortschritt zu verzeichnen ist. Bei Betrachtung der Variationsbreiten ist jedoch festzustellen, daß die endgültige Realisierung der Zielstellung nicht sofort erreichbar ist. So liegen die Mindestwerte für die Widerristhöhe der R_1-Tiere bei 133 cm und der F_1-Produkte bei 134 cm. In den Eintragungsjahr-

Tabelle 13. Körpermaße von Stuten unterschiedlicher Genotypen (3jährig)

Körpermaße in cm	statistische Maßzahlen	Genotypen: reingezogene Stuten, zuchtaktiver Bestand 1980 n=831	reingezogene Stuten, Eintragungsjahrgang 1983 n=127	F_1-Stuten, zuchtaktiver Bestand 1980 n=19	F_1-Stuten, Eintragungsjahrgang 1983/84 n=14	R_1-Stuten, zuchtaktiver Bestand 1980 n=33	R_1-Stuten, Eintragungsjahrgang 1983/84 n=36	R_2-Stuten, Eintragungsjahrgang 1983/84 n=24
WH	$\bar{x}$	136,6	138,3	140,3	142,6	138,2	141,1	139,5
	s %	–	2,1	2,2	1,5	2,2	1,6	1,9
	Var.	130–147	132–147	134–145	140–146	133–144	136–145	136–144
RL	$\bar{x}$	144,0	145,4	143,4	146,1	143,9	146,6	145,5
	s %	–	2,9	3,8	1,6	2,0	2,1	2,9
	Var.	130–159	136–157	138–154	142–149	139–150	140–152	138–152
BT	$\bar{x}$	63,1	63,2	63,4	63,8	62,4	64,6	64,4
	s %	–	4,1	3,5	2,3	3,0	2,5	3,3
	Var.	56–74	58–68	57–65	62–66	60–66	61–68	60–69
BU	$\bar{x}$	174,1	183,4	172,2	174,8	173,0	181,1	182,6
	s %	–	3,5	2,6	3,1	4,0	2,7	2,4
	Var.	163–204	172–200	164–178	168–182	160–188	173–188	178–193
Rö	$\bar{x}$	18,1	18,4	17,7	18,3	17,8	18,3	18,4
	s %	–	5,2	3,6	4,1	4,7	3,7	4,0
	Var.	16–21	16–20	17–19	17–20	16–19,5	17– 20	17–20

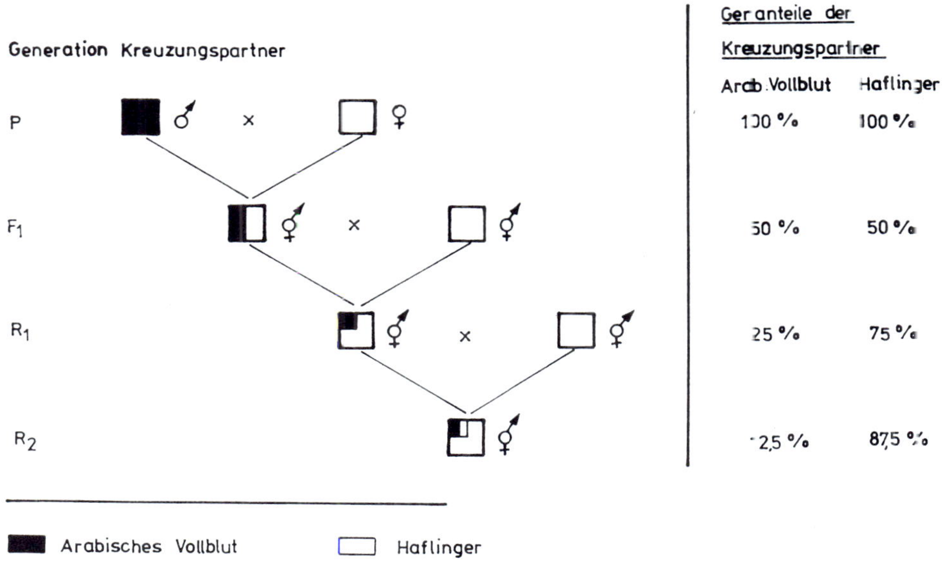

Darstellung 3. Veredlungskreuzung in der Haflinger Population auf der Basis des Arabischen Vollbluts

gängen 1983 und 1984 betragen sie bereits 136 cm bzw. 140 cm und entsprechen zumindest für die F_1-Stuten den Mindestanforderungen von 140 cm. Die Differenzen in der Ausprägung der anderen Körpermaße sind zwischen den Genotypen wesentlich geringer, so daß sie im Gegensatz zur Größe nicht statistisch gesichert sind.

Obwohl sich die absoluten Rumpflängen der unterschiedlichen Genotypen in annähernd gleichen Größenordnungen bewegen, ist mit der Erhöhung des Genanteils an Arabischem Vollblut eine Verkürzung in der Rumpflänge zu beobachten. Mit einer relativen Rumpflänge von 102 % befinden sich die F_1-Stuten nahezu im Quadratformat und stehen somit dem Araber näher, hingegen entsprechen die Stuten mit 25 % und 12,5 % Genanteilen des Arabischen Vollblutes bei einer relativen Rumpflänge von 104 % eher dem Format des reingezogenen Haflingers von 105 % relativer Rumpflänge.

Besondere Beachtung wird in der Haflinger Züchtung der Beibehaltung eines stabilen und soliden Fundamentes geschenkt, wobei der Röhrbeinumfang der Hengste nicht unter 19 cm und der der Stuten nicht unter 18 cm liegen sollte. Die Araber-Einkreuzung bewirkt bei den veredelten Tieren eine Verfeinerung des Fundamentes, die im zuchtaktiven Stutenbestand von 1980 in Erscheinung tritt, indem eine Reduzierung sowohl bei den F_1- als auch R_1-Stuten vorliegt.

Bei den Eintragungsjahrgängen von 1983 und 1984 ist bereits ein Selektionserfolg erkennbar, der in den Mittelwerten zum Tragen kommt. Für die Hengste und Wallache lassen sich ähnliche Tendenzen ableiten (Tab. 14). So ist mit zunehmendem Genanteil des Arabischen Vollbluts eine Vergrößerung in der Widerristhöhe von 137,7 cm (Hengste) bis zu 143,7 cm (F_1-Hengste) festzustellen. Ebenso sind gerin-

Tabelle 14. Körpermaße und -masse von Hengsten und Nutzpferden unterschiedlicher Genotypen (3jährig)

Körpermaße	statistische Maßzahlen	Genotypen reingezogene Hengste	reingezogene Wallache	F_1 Hengste	F_1 Wallache	R_1 Hengste	R_1 Wallache
WH	$\bar{x}$	137,7	135,0	143,7	140,6	139,1	139,8
(cm)	s %	1,7	1,5	2,8	2,6	1,7	1,6
	Var.	134 –143	132–136	140–148	134 –146	135–142	134–143
RL	$\bar{x}$	–	146,8	–	148,1	–	148,4
(cm)	s %		2,4		2,3		2,4
	Var.		142–150		143 –152		144–154
BT	$\bar{x}$	64,2	62,5	66,7	64,5	63,9	63,9
(cm)	s %	4,2	1,6	4,3	3,3	2,1	1,9
	Var.	58 – 70	61– 63	65– 70	60 – 67	62– 66	63– 66
BU	$\bar{x}$	168,9	166,8	171,0	172,8	170,0	172,3
(cm)	s %	2,7	1,3	3,1	3,0	2,9	2,8
	Var.	160 –176	164–169	167 –177	164–180	164–176	165–178
Rö	$\bar{x}$	19,1	20,6	18,5	19,5	18,9	19,8
(cm)	s %	3,7	2,3	0	4,5	4,8	2,5
	Var.	17,5– 20	20– 21	–	18,5– 21	18– 20,5	19– 20,5
KM	$\bar{x}$	416,0	412,3	395,7	422,1	401,5	429,1
(kg)	s %	6,6	1,9	9,1	6,1	7,2	5,6
	Var.	370–490	405–421	370–437	375–456	370–450	397–465

gere genotypische Unterschiede in der Ausprägung der anderen Körpermaße zu verzeichnen. Eine Ausnahme bilden die Brusttiefe zwischen den F_1- und R_1-Hengsten sowie die Körpermasse zwischen den reingezogenen und F_1-Hengsten und reingezogenen und R_1-Vatertieren. Gleichzeitig ist deutlich eine Reduzierung in der Röhrbeinstärke der F_1-Hengste und -Wallache zu beobachten, indem sie gegenüber den reingezogenen Tieren eine Unterlegenheit im Röhrbeinumfang von 0,6 cm bzw. 1,1 cm aufweisen.

Die bisher dargestellten Ergebnisse zeigen, daß zwischen den Genotypen Unterschiede in der Widerristhöhe, der Formatausbildung und dem Röhrbeinumfang sowie zum Teil in der Brusttiefe und Körpermasse bestehen, hingegen bei der absoluten Rumpflänge und dem Brustumfang keine solchen vorhanden sind.

Eine andere Situation zeichnet sich ab, wenn die verschiedenen genotypischen Konstruktionen einer Beurteilung bezüglich der Qualität der Exterieurmerkmale unterzogen werden. Hier treten erheblich größere Variationen auf, die sich in der Ausbildung von Typ, Modell, Exterieur und nicht zuletzt in der Farbe widerspiegeln.

Durch die Kombination des Arabischen Vollblüters mit den Haflinger Stuten sind in der Ausprägung der Exterieurmerkmale sowohl positive als auch negative Effekte festzustellen. Die in der F_1-Generation erzeugten Produkte mit 50 % Genanteilen des Arabischen Vollbluts entsprechen im wesentlichen den Erwartungen eines „Reit“- oder „Turnier“-Haflingers. Allerdings befinden sich die Produkte nicht mehr im Haflinger Typ und sind infolgedessen typmäßig nur schwer einer Rasse zuzuordnen.

Aus diesem Grund kann bei diesen Tieren keine Bewertung nach Maßstäben des reingezogenen Haflingers erfolgen, sondern sie muß zwangsläufig auf die reiterliche Nutzung ausgerichtet sein. Diese Aussagen sollen anhand der Ergebnisse einer Bewertung nach dem 100-Punkte-System bestätigt werden, die in den Tabellen 15 und 16 enthalten sind.

Obwohl die Daten von Zuchttieren, also von jenen, die dem Zuchtziel Rechnung tragen, und von Nutzpferden stammen, zeichnen sich in der Bewertung des Exteriteurs diegleichen Tendenzen für beide Gruppierungen ab. Die F_1-Tiere sind in nahezu allen Merkmalen den reingezogenen und R_1-Haflingern unterlegen, was speziell in der Tabelle 15 deutlich zum Ausdruck kommt.

Im Rassetyp liegt eine erhebliche Differenz zwischen den Genotypen der Zuchthengste vor. Bei den Nutzpferden ist die Beurteilung dieses Merkmals zwischen den reingezogenen und den F_1-Wallachen annähernd gleich. Hier muß beachtet werden, daß zum Rassetyp nicht nur die Farbreinheit gehört, sondern die Größe und das Gesamtbild des Pferdes eine bedeutende Rolle spielen. Da die reingezogenen Wallache nicht das Zuchtziel verkörpern und dem Wirtschaftstyp nahe stehen, rangieren sie hinter den R_1-Nutzpferden, die sich im wesentlichen im Modell des vielseitig verwendbaren Haflingers befinden.

Die Einkreuzung des Arabischen Vollbluts hat bei den Kreuzungsprodukten eine Verlängerung des Halses (reingezogene Wallache: obere Halslänge [OHL] 61,85 cm; untere Halslänge [UHL] 50,50 cm; R_1-Wallache: OHL 66,75 cm; UHL 56,00 cm; F_1-Wallache: OHL 66,25 cm, UHL 57,88 cm), zum Teil eine Verbesserung der Halsausformung und ein leichteres Genick bewirkt. Speziell bei den R_1-Tieren wird der positive Effekt der Veredlung sichtbar. Im Gegensatz zu ihnen ist bei fast allen F_1-Pro-

Tabelle 15. Mittlere Boniturergebnisse (Punkte) von Hengsten und Nutzpferden unterschiedlicher Genotypen (3jährig)

Boniturmerkmal	Genotypen					
	reingezogene		F_1		R_1	
	Hengste	Wallache	Hengste	Wallache	Hengste	Wallache
Rassetyp	8,50	6,50	7,25	6,33	9,50	7,36
Kopf		7,25		7,12		7,75
	8,05		7,75		9,00	
Hals		6,25		5,75		6,50
Vorhand	7,72	6,75	7,25	7,25	8,50	6,88
Mittelhand	7,55	6,75	7,75	7,00	8,25	7,12
Hinterhand	7,58	6,75	6,75	5,62	8,25	6,38
Vordergliedmaßen	7,45	6,75	6,75	6,33	7,50	6,75
Hintergliedmaßen	7,18	6,00	6,50	5,33	7,50	6,50
Gangkorrektheit	7,85	6,25	7,00	6,12	8,25	6,25
Raumgriff	8,02	6,25	8,50	6,83	8,75	6,25
Gesamteindruck	8,10	–	7,50	–	9,00	–
Exterieur – $\bar{x}$	78,00	65,75	73,00	63,83	84,50	67,75
Punktsumme s %	9,33	5,87	14,10	7,02	5,34	7,64
Var.	56–90	62–70	63–85	56–70	78–87	61–76

Tabelle 16. Farbausprägung von Zucht- und Nutzpferden unterschiedlicher Genotypen (%)

Farbausprägung	Genotypen						
	F_1-Konstruktion			R_1-Konstruktion			R_2-Konstruktion
	Hengste	Stuten	Wallache	Hengste	Stuten	Wallache	Stuten
Rotfuchs mit rotem Langhaar	75,0	90,3	87,5	–	20,3	37,5	8,6
Rotfuchs mit aufgehelltem Langhaar	–	–	–	50,0	15,6	37,5	11,4
Lehmfuchs mit hellem oder meliertem Langhaar	–	–	–	25,0	17,2	25,0	11,4
Dunkelfuchs mit hellem oder meliertem Langhaar	–	9,7	–	–	10,9	–	22,9
Fuchs mit hellem Langhaar	25,0	–	12,5	25,0	18,8	–	17,1
Hellfuchs mit hellem Langhaar	–	–	–	–	17,2	–	28,6
gesamt abs.	4	31	8	8	64	8	35
rel.	100,0	100,0	100,0	100,0	100,0	100,0	100,0

Abb. 1. Am Fuße des Kaisergebirges befinden sich die Weiden der bedeutendsten Zuchtstätte des Haflingers in Tirol, des Fohlenhofs Ebbs

Abb. 2. Der Weidegang in Obergurgl (Ötztal) steht hinsichtlich der konstitutionellen Anforderungen dem der Sarntaler Alpen nicht nach. Stuten und Fohlen in 2200 m Höhe

Abb. 3. In den alpinen Zuchtgebieten liegt der Schwerpunkt der Aufzucht auf den Almen. Haflinger Fohlen bei Kitzbühel

Abb. 4. Das schwierigste Gelände, wie hier beim Überqueren des Wildbaches, hindert den Haflinger nicht, zum Weideplatz zu gelangen

Abb. 5. Karger Pflanzenwuchs in beachtlichen Höhenlagen hat sie zur Genügsamkeit erzogen

Abb. 6. Seine Härte und Anspruchslosigkeit beweist der Haflinger unter extrem rauhen klimatischen Bedingungen

Abb. 7. Hengstnachzuchtsammlung des Beschälers „Mikado 1562" im Zuchtgebiet Tirol

Abb. 8. In Thüringen haben die Haflinger seit 1956 eine neue Heimat gefunden

Abb. 9. Am Fuße von Burgruinen der Saale – im ersten Haflinger Zuchtbetrieb der DDR, dem Volkseigenen Gut Jena-Zwätzen

Abb. 10 u. 11. Auch in den Mittelgebirgslagen des Erzgebirges und des Harzes sind die Haflinger heimisch geworden

Abb. 12 u. 13. Im größten Haflinger Zuchtbetrieb der DDR, dem Volkseigenen Gut Meura, gehen die Haflinger ganzjährig auf die Weide

Abb. 14. Adel und Trockenheit prägen das Antlitz des Haflingers; Stute „Newa H 28“ aus dem Zuchtgebiet Sachsen

Abb. 15. Hengst „401/liz. Willi", geb. 1921, der Begründer der nach ihm benannten Blutlinie

Abb. 16 u. 17. Vertreter der „401/liz. Willi" Linie in der DDR. Hengst „Wintano 81", geb. 1977 in 6. Generation, Hengst „Wilmar 110", geb. 1981 in 6. Generation

Abb. 18. Blutlinienbegründer „1074 Student", geb. 1927

Abb. 19 u. 20. Vertreter der „1074 Student"-Linie in der DDR. Hengst „Sallus 63", geb. 1974 in 6. Generation, Hengst „Stern 71", geb. 1975 in 6. Generation

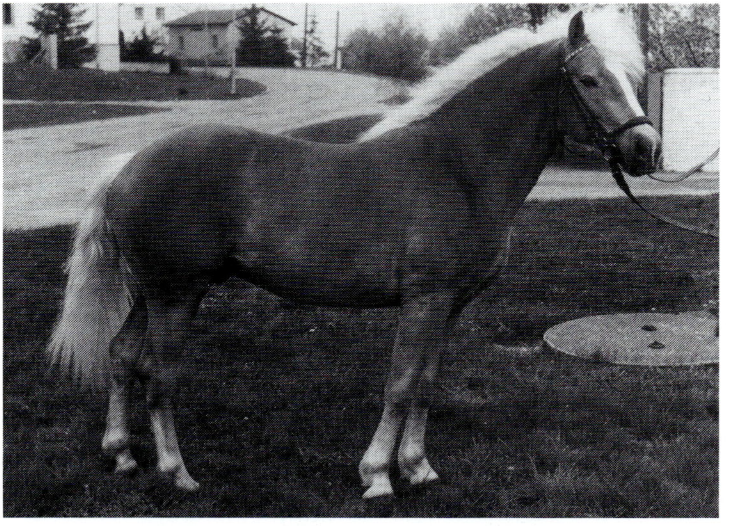

Abb. 21 u. 22. Hengste des Zuchtgebietes Niederösterreich, „1309 Apell“, geb. 1978, gezogen in Niederösterreich, „Galant 67“, geb. 1975, gezogen in der DDR

Abb. 23. Hengst „Achilles 59", geb. 1973, Vertreter der „999 Anselmo"-Linie, importiert aus Tirol, in 5. Generation

Abb. 24. Hengst „Magnet 103", geb. 1980, Vertreter der „Massimo"-Linie in 9. Generation

Abb. 25. Beste Kondition und Vitalität zeichnen die Stute „Derby H 12", die 21 Fohlen brachte, im Alter von 24 Jahren aus

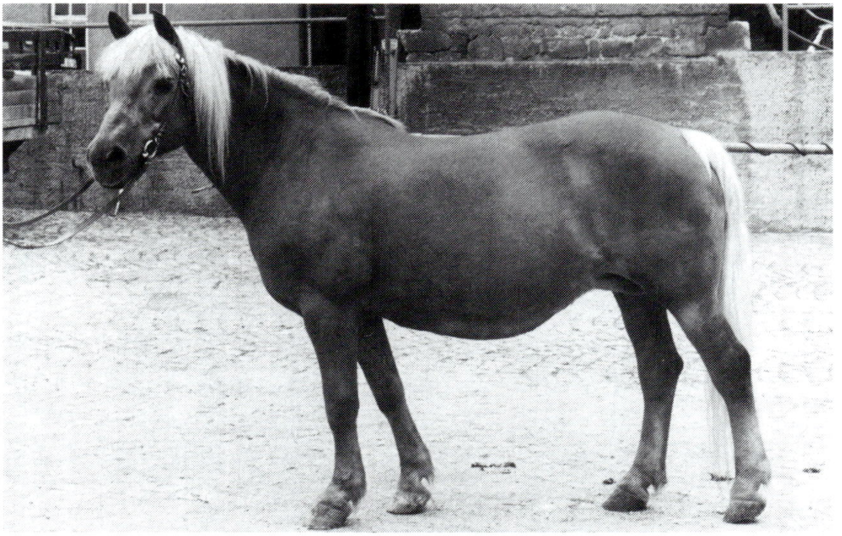

Abb. 26. Gleiches ist für die Stute „Betty H 17" zu sagen, die im Alter von 23 Jahre ihr 19. Fohlen brachte

Abb. 27/28. Eine solide Stutengrundlage ist die Voraussetzung für die Erzeugung qualitätsvoller Zuchtprodukte. Zuchtstuten „Mariantje H 666“ und „Marlieschen H 59[illegible]“ der LPG „E. Thälmann“ Lengefeld im Erzgebirge

Abb. 29/30. Jungstuten, im modernen Vielseitigkeitstyp stehend, haben die Aufgabe, den Zuchtfortschritt zu reproduzieren. Stuten „Dolina H 660“ und „Minerva H 658“ der LPG Wolkenstein und Ansprung im Erzgebirge

dukten eine starke Bemuskelung des Unterhalses festzustellen, die eine reiterliche Nutzung erschwert. Gleichzeitig zeigt sich die Notwendigkeit einer getrennten Bewertung von Kopf und Hals, indem der Kopf hauptsächlich ein Merkmal für Adel und Schönheit und der Hals ein wichtiges Kriterium für die Leistung und reiterliche Nutzung darstellt.

Für die reiterliche Nutzung sind im weiteren eine lange und schräge Schulter sowie eine gute Sattellage (gut markierter Widerrist) erforderlich. Während bei den Zuchthengsten ein Abfall in der Bewertung der Vorhand zwischen den reingezogenen und den F_1-Hengsten vorhanden ist, zeichnet sich bei den Kreuzungsprodukten der Nutzpferde eine Verbesserung in der Vorhand ab. Die Haflinger mit Genanteilen des Arabischen Vollbluts weisen auch größtenteils einen genügend langen und elastischen Rücken auf.

Bezüglich der Hinterhand, der Gliedmaßen sowie der Gangkorrektheit kommt der hauptsächlichste negative Effekt des eingesetzten Arabischen Vollblüters zum Ausdruck. In den genannten Merkmalen sind die F_1-Produkte den reingezogenen Haflingern unterlegen. Aber auch bei den R_1-Tieren ist speziell in der Bewertung der Gliedmaßen und der Gangkorrektheit der züchterische Erfolg gegenüber den reingezogenen Haflingern gering.

Positiv hervorzuheben ist der Einfluß, den der Arabische Vollblüter auf die Verbesserung des Raumgriffes und der Gangmechanik ausgeübt hat. Sowohl in der 1. als auch 2. Kreuzungsgeneration sind im Vergleich zu den reingezogenen Haflingern höhere Bewertungen dieses Merkmals zu beobachten.

Ein besonderes Problem der Araber-Einkreuzung stellt die Farbausprägung dar. Voraussetzung für den Einsatz in der Haflinger Zucht ist in der Regel die Fuchsfarbe; Hengste mit heller Mähne und hellem Schweif sind kaum zu finden. Die in der 1. Kreuzungsgeneration erzeugten Nachkommen der fuchsfarbigen Araber sind vordergründig Rotfüchse mit rotem Langhaar und tragen somit dem Rassestandard des Haflinger Pferdes nicht Rechnung.

Bei den R_1-Produkten, die sowohl aus der direkten männlichen Linie als auch aus der weiblichen Nachzucht hervorgehen, liegt eine größere Differenziertheit in der Farbausprägung vor. Sie reicht vom Rotfuchs mit rotem Langhaar, über Lehm- oder Dunkelfuchs mit hellem oder oftmals graumeliertem Langhaar bis zum Goldfuchs mit weißem Langhaar (Tab. 16). Obwohl diese Tiere 75 % Genanteile des Haflingers aufweisen, genügen sie in vielen Fällen nicht den Farbanforderungen des Rassestandards, so daß neben etwa 20 % Rotfüchsen mit rotem Langhaar auch Lehm- und Dunkelfüchse (28,1 %) auftreten, an deren Deckhaarfarbe zumeist die unerwünschte graue bzw. graumelierte Langhaarfarbe gekoppelt ist.

Selbst bei Stuten mit 12,5 % Arabischem Vollblutanteil sind noch 8,9 % Rotfüchse mit rotem Langhaar sowie 34,3 % Lehm- und Dunkelfüchse mit hellem oder meliertem Langhaar vorhanden. Von den bisher gekörten bzw. eingetragenen Zuchttieren tragen 1 F_1-Hengst und 6 R_1-Hengste sowie 51,6 % der F_1-Stuten und 57,1 % der R_2-Stuten dem Rassestandard hinsichtlich der Deck- und Langhaarfarbe Rechnung.

Daraus leitet sich die Konsequenz einer sehr hohen Selektionsintensität bei den Kreuzungsprodukten ab. Um überhaupt Zuchttiere auswählen zu können, macht es sich bei den F_1-Tieren erforderlich, in der Farbausprägung Konzessionen einzugehen.

Gleichzeitig sollten nur solche Tiere in die Zucht eingestellt werden, die in den durch die Kreuzung zu verändernden Merkmalen den reingezogenen und R_1-Haflingern signifikant überlegen sind. Bei den R_1-Produkten muß eine konsequente Selektion nach dem Zuchtziel des Haflingers erfolgen. Aus diesem Grund treten in den beiden Kreuzungsstufen hohe Selektionsraten auf, die 75 % oder mehr betragen können. Das macht deutlich, daß die Erzeugung von veredelten Tieren bis zur R_1-Generation nur gezielt in wenigen Zuchtbetrieben praktiziert werden kann.

5. Wachstum und Entwicklung

Unter Wachstum eines Organismus ist im tierzüchterischen Sinne die Zunahme struktureller und funktionell vollwertiger lebender Masse zu verstehen. Hierzu zählt nicht nur die Zunahme der Körpermasse, sondern es umfaßt gleichzeitig die Prozesse der Differenzierung bei der Entwicklung des Individuums. Aus diesem Grunde wird zwischen embryonalem und postembryonalem Wachstum unterschieden, wobei letzterem die größere Bedeutung zukommt (Jähne 1983). Die Kenntnis der Wachstumsabläufe gewährleistet eine sachgemäße Beurteilung von Tieren verschiedenen Alters und ist gleichzeitig eine wichtige Bedingung für eine den biologischen Normen Rechnung tragende Aufzucht der Fohlen. Zur objektiveren Einschätzung der Entwicklungsvorgänge am wachsenden Tier dienen als Hilfsmittel Körpermessungen und Wägungen. Durch die Messungen können die Körperproportionen während des Wachstumsverlaufes festgestellt und etwaige Veränderungen erkannt werden. Über Wägungen ist die Wachstumsintensität und bis zu einem gewissen Grad der Ernährungszustand abzuschätzen. Züchtungsbiologisch gesehen, lassen sich aus dem Wachstumsverlauf auch Rückschlüsse bezüglich der Rassenzugehörigkeit und der Einordnung innerhalb der Variation einer Rasse sowie eventueller Veränderungen des Populationsmittels über längere Zeiträume ziehen.

Das Fohlen hat bereits bei der Geburt einen beachtlichen Anteil des Gesamtwachstums zu verzeichnen und befindet sich nach v. Lepel (1980) im Vergleich zu einer Reihe anderer Haustierarten in einem relativ hohen Entwicklungsstand. Eine enorme Wachstumsintensität beginnt während der letzten 2 Trächtigkeitsmonate und setzt sich wie Rossdale (1975) und Green (1976) festgestellt haben, in den folgenden 3 Lebensmonaten fort.

Das in den ersten 6 Lebensmonaten erreichte Wachstum beträgt mehr als 50 % des Gesamtzuwachses. Die Wachstumsintensität läßt nach dem 6. Lebensmonat allmählich nach.

Während des Wachstums ist die Wachstumsgeschwindigkeit der einzelnen Körperteile verschieden groß. Dabei steht die relative Wachstumsgeschwindigkeit der Körperteile zueinander oder auch zum Gesamtkörper über einen längeren Zeitraum in einem konstanten Verhältnis, was als Allometrie bezeichnet wird (Flade 1978). Die typische Veränderung der Körperform in der postnatalen Wachstumsphase ist durch die Verschiebung des Größenverhältnisses der einzelnen Körperteile zueinander in einer konkreten Richtung bedingt. So geht das Pferd vom Hochrechteckformat bei der Geburt zum Langrechteckformat bei Volljährigkeit über. Diese Gesetzmäßigkeit ist bei ungestörtem Wachstumsverlauf für alle Pferderassen zutreffend.

Obwohl zwischen dem Exterieur und der Leistung nur sehr geringe Beziehungen bestehen, bildet die durch das Skelett bedingte Körperform im gewissen Grade eine Voraussetzung für die Leistungsveranlagung des Pferdes. Da bis zum nutzungsfähigen Alter keine direkten Leistungen des Pferdes vorliegen, erfolgen die ersten Selektionsentscheide während der Jugendentwicklung. Die Basis bilden objektiv erfaßbare Körpermessungen als auch subjektive Exterieurbewertungen.

Um bereits während der Aufzuchtperiode, möglichst frühzeitig, züchterische Informationen zu erhalten und diese zuchtwirksam in Anwendung zu bringen, sind eine Vielzahl von Wachstumsstudien durchgeführt worden. So befaßten sich Schmidt, Lauprecht u. Stegen bereits 1932 mit dem Wachstumsverlauf von Kalt- und Warmblutpferden und stellten neben signifikanten Differenzen in der Entwicklung der Körpermaße zwischen beiden Rassen fest, daß die Höhenmaße im ersten Lebensjahr die größte Wachstumsintensität aufweisen, denen sich die Längen- und Breitenmaße anschließen. Im 2. und 3. Lebensjahr kommt es zu einer direkten Umkehr in der Reihenfolge. Zu diesen Aussagen kamen auch Hering (1925) und Zimmermann (1933), die den Wachstumsverlauf von Kaltblütern untersuchten, sowie Iwersen (1924) bei Holsteinern, Noltenius (1928) bei Oldenburgern, Schilke (1923) bzw. Thieme (1931) bei Trakehnern und Stegen (1929) bei Hannoveranern. In einem direkten Rassenvergleich analysierten Vogel (1925) und König (1959) das Wachstum von Kalt- und Warmblutpferden, deren Ergebnisse die maßgeblichsten Rassenunterschiede hinsichtlich der Rumpflänge, Breiten- und Umfangsmaße sowie der Lebendmasse deutlich machten.

Während in dem genannten Zeitraum hauptsächlich Rassen des Kalt- und Warmbluts Gegenstand der Untersuchungen waren, veröffentlichten, mit Ausnahme v. Pretz (1925), in den fünfziger Jahren einige Autoren ihre Studien zu den Wachstumsverhältnissen bei Kleinpferden. Dabei beinhalteten die Arbeiten von Pretz (1925), Krippl (1958) und Schwark (1961) die Körpermaßentwicklung von Haflinger Fohlen in Südtirol, in Bayern und in der DDR. Hesse (1957) stellte einen Rassenvergleich zwischen Norwegischen Fjordpferden, Haflingern und Isländern an. Flade (1959, 1984) befaßte sich eingehend mit dem Wachstumsverlauf der Shetlandponys. Auch diese Untersuchungen bestätigen, daß zwischen dem relativen Wachstumsverlauf von Pferden der großen Rassen und dem der Kleinpferde keine prinzipiellen Unterschiede bestehen. Diese Aussage bekräftigte Schwark (1961) durch einen Vergleich zwischen Groß- und Kleinpferd. Er kam zu dem Ergebnis, daß sich eine prinzipielle Übereinstimmung des Wachstumsrhythmus vom Haflinger zum Kaltblut erkennen läßt. Neuere Untersuchungen liegen seit etwa einem Jahrzehnt vor, wobei den Vollblut- und Sportpferderassen das Hauptaugenmerk geschenkt wird.

So befaßten sich Fritzsche (1974), Green (1976), Hintz et al. (1979), Neisser (1970, 1983) sowie Sobczak u. Langaj (1983) nicht nur mit dem Wachstumsverlauf der Englischen Vollblüter, sondern analysierten verschiedene Einflußfaktoren wie Abstammung, Geburtszeitpunkt, Trächtigkeit, Fütterung und Training auf die Körperentwicklung der Fohlen.

Anhand von Wachstumsstudien beim Arabischen Vollblut gelangten Koziebrodzki u. Sobczak (1983) sowie Budzynski u. Kolstrung (1983) zu der Auffassung, daß der Araber in den ersten 6 Lebensmonaten eine höhere Wachstumsintensität als andere Rassen aufweist. Ähnlich dem Warmblut besitzen die Araber keine Fähigkeit

Tabelle 17. Entwicklung der Widerristhöhe (cm)

		Monate							
	Geburt	3	6	9	12	18	24	30	36
$\bar{x}$	91,23	108,00	116,48	122,54	126,04	130,13	133,88	136,00	138,17
s	2,21	2,49	2,54	3,17	2,96	2,45	2,03	1,79	1,83
s %	2,43	2,31	2,18	2,59	2,35	1,88	1,52	1,32	1,33
Var.	85–95	102–111	112,5–120	116–127	122–132	126–135	130–137	133–138	136–140

Tabelle 18. Entwicklung der Kruppenhöhe (cm)

		Monate							
	Geburt	3	6	9	12	18	24	30	36
$\bar{x}$	92,48	113,42	122,09	127,76	130,70	135,03	137,88	140,17	141,88
% d. WH	101,37	105,02	104,82	104,26	103,70	103,76	102,99	103,07	102,65
s	2,22	2,93	2,40	3,56	3,52	1,99	1,06	2,64	2,79
s %	2,40	2,58	1,97	2,79	2,69	1,47	0,77	1,88	1,96
Var.	88–96	106–117	117–127	120–135	125–138	132–139	136–139	137–144	138–145

zum kompensatorischen Wachstum, wobei unterschiedliche Umwelteinflüsse auf die Entwicklung der Körpermaßausprägung einwirken. Budzynski u. Kolstrung (1983) haben darüber hinaus einen Wachstumsstandard für Araber erarbeitet, der als objektives Hilfsmittel zur Bewertung der Fohlen während der Jugendentwicklung dient.

Im weiteren fanden Untersuchungen an Sportpferden statt, bei denen der Einfluß des Englischen Vollbluts auf die Körperentwicklung und Bewegungsleistung während des Wachstums von Kapron (1983) und Jelen (1983) geprüft wurde. Schorm (1983) ermittelte bei Warmblutpferden frühestmögliche Beurteilungszeitpunkte für ausgewählte Körpermaße, die zum 3. Lebensjahr einen Zusammenhang mit mehr als 50 %iger Bestimmtheit aufweisen. Lediglich für das Größenwachstum bieten sich an Hand des Widerristmaßes Möglichkeiten, im Alter von 18 Monaten das Endmaß relativ sicher vorauszusagen. Gleichzeitig berechnete sie Wachstumsnormative, die für den praktischen Züchter von Bedeutung sind und Anhaltspunkte für eine optimale Aufzucht geben.

Seit den umfangreichen Untersuchungen von Schwark zum Wachstum am Haflinger Pferd im Jahre 1961 hat sich der Hauptverwendungszweck dieser Rasse verändert. So wird eine vielseitige Nutzung angestrebt, die sich auch auf den reiterlichen Sektor erstreckt. Aus diesem Grund macht sich, neben der Veränderung einer Reihe von Exterieurmerkmalen, eine Vergrößerung des Rahmens erforderlich. Diese Zielstellung wird sowohl auf dem Weg der Reinzucht als auch auf dem der Einkreuzung mit Arabischem Vollblut angestrebt. Ergebnisse von Wachstumsanalysen, die an reingezogenen Haflingern sowie an Kreuzungsprodukten mit 25 und 50 % Genanteilen des Arabischen Vollbluts durchgeführt wurden, sind im folgenden zwei Abschnitten aufgezeigt.

5.1. Wachstumsverlauf von reingezogenen Haflingern

Im Vordergrund des züchterischen Interesses stehen die Größenmaße, wobei die Widerrist- und Kruppenhöhe zur Auswertung kommen. In der Tabelle 17 ist die Entwicklung der Widerristhöhe von der Geburt bis zum 3jährigen Pferd wiedergegeben.

Die Haflinger Fohlen werden im Durchschnitt mit einer Größe von 91,23 cm geboren und erreichen mit Abschluß des 3. Lebensjahres eine Widerristhöhe von 133,17 cm. Ein Vergleich zu Werten aus dem Jahre 1961 zeigt, daß die Haflinger größer geworden sind. Bereits bei der Geburt sind es 4 cm und im Alter von 3 Jahren beträgt die Überlegenheit 1,17 cm. Die aufgeführten Ergebnisse machen deutlich, daß auf dem Weg der Reinzucht und durch züchterische Konsequenz eine Vergrößerung des Widerristmaßes erreicht werden kann. Dabei ordnen sich die Untersuchungen an Haflingern aus der BRD, die von Aschersleben (1981) durchgeführt wurden und den Zeitraum von der Geburt bis zum Jährling umfassen, ein und weisen ähnliche Werte wie die eigenen auf. Obwohl die Variationskoeffizienten relativ gering sind und mit zunehmendem Alter abnehmen, ist eine hohe absolute Variationsbreite festzustellen. Sie bewegt sich in den Grenzen von 11 cm (9. Lebensmonat) bis 4 cm (3. Lebensjahr), die auf tierindividuelle Unterschiede zurückzuführen ist. Die bei allen Pferderassen vorliegende Variation wird jedoch in keiner Weise überschritten und eher eine hochgradige Ausgeglichenheit verdeutlicht.

Analoge Tendenzen können auch für die Kruppenhöhe abgeleitet werden. Während der gesamten Jugendentwicklung bis zum 3jährigen Pferd ist eine Überlegenheit der Kruppenhöhe gegenüber der Widerristhöhe zu erkennen, deren Ergebnisse in Tabelle 18 aufgeführt sind.

Zur Geburt weisen die Fohlen nahezu gleiche Maße von Widerrist- und Kruppenhöhe auf, wobei in den ersten 6 Monaten, insbesondere in den 3 ersten Lebensmonaten, ein intensiveres Wachstum der Kruppenhöhe zu beobachten ist. Beträgt das Geburtsmaß der Kruppenhöhe 101,37 % der Widerristhöhe, so umfaßt das Kruppenmaß beim 3 Monate alten Fohlen 105,02 % der Widerristhöhe. Im Alter vom 3. Lebensmonat bis zum 9. Lebensmonat sind die Haflinger Fohlen in der Oberlinie am unausgeglichensten. Bis zum 3. Lebensjahr bleibt der größere Vorsprung der Kruppenhöhe gegenüber der Widerristhöhe erhalten, so daß die Pferde in diesem Alter überbaut sind. Das Überbautsein der 3jährigen Pferde läßt ein weiteres Größenwachstum erwarten, wobei der Haflinger vom 3. Lebensjahr bis zum Wachstumsabschluß etwa noch 2–3 cm wächst. Fehlerhaft zu bewerten ist es, wenn der Haflinger im ausgewachsenen Stadium überbaut bleibt. Dieses aus der Wirtschaftspferdezüchtung herrührende und für den Zugdienst positiv zu wertende Merkmal muß unter Aspekten reiterlicher Nutzung als nachteilig bewertet werden.

Der Wachstumsverlauf der Widerristhöhe und der Kruppenhöhe wird in Darstellung 4 nochmals verdeutlicht.

Aus dem Verhältnis der Größe zur Länge ergibt sich das Format des Pferdes. Da die Rumpflänge größer ist als die Widerristhöhe, steht der Haflinger im Langrechteckformat. Dieses ist als vorteilhaft anzusehen. Die Ansatzflächen für Muskelmassen sind vergrößert und die Schritt- und Trittlänge werden positiv beeinflußt. Darüber hinaus bietet ein langer und elastischer Rücken eine gute und räumlich ausreichende Sattellage verbunden mit einem weichen Sitz des Reiters. Die absoluten und relativen Werte belegen die ausreichende und gut ausgeprägte Länge des Haflingers (Tab. 19).

Es zeigt sich, daß, wie ebenfalls für andere Rassen zutreffend, die Fohlen im Hochrechteckformat geboren werden, wobei die Rumpflänge 73,69 % der Widerristhöhe beträgt. Innerhalb der ersten 9 Monate verschieben sich die Proportionen zum Quadratformat und bereits mit 9 Monaten ist das Langrechteckformat erreicht, worin ein sehr hohes intensives Längenwachstum zum Ausdruck kommt.

Sehr große tierindividuelle Unterschiede treten bei der Rumpflänge im Alter von 3 bis 6 Monaten auf, die durch Variationskoeffizienten von 9,32 % und 9,16 % sowie durch absolute und relative Variationsbreiten von 33 cm und 35 cm belegt werden. Die hohe absolute und relative Rumpflänge bei den 3jährigen Haflingern unterstreicht das betonte Langrechteckformat dieser Rasse, so daß die Pferde oftmals nicht geschlossen erscheinen.

Während einerseits Vorteile mit einer im Vergleich zur Widerristhöhe größeren Körperlänge verbunden sind, bestehen andererseits auch Nachteile, warum man immer nach einer Ausgewogenheit trachten und Extreme unterbinden muß. Hervorzuheben ist hierbei wiederum die Reiteignung. Pferde mit betonter Körperlänge lassen sich schwer an den Zügel heranreiten. Sie sind schwer zu versammeln und treten nicht genügend weit unter den Schwerpunkt. Dadurch wird eine reiterliche Nutzung insbesondere in der Dressur benachteiligt. So sollte die relative Rumpflänge 106 bis 107 % der Widerristhöhe (5–10 cm länger als hoch) nicht überschreiten. Die eige-

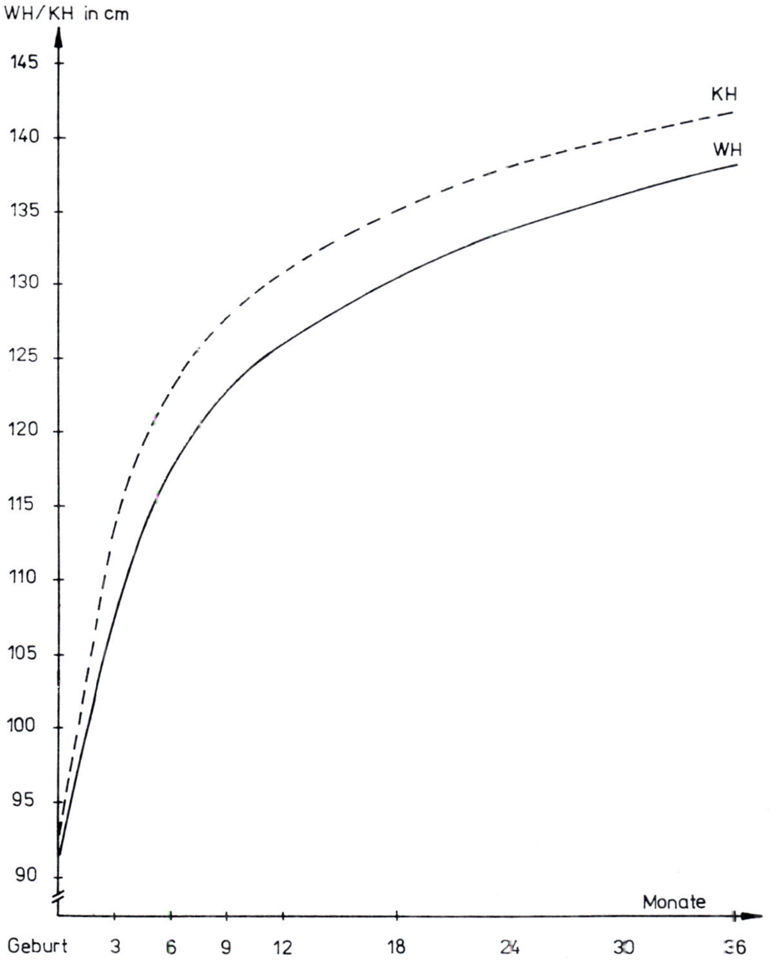

Darstellung 4. Entwicklung der Widerristhöhe (WH) und Kruppenhöhe (KH) bei reingezogenen Haflingern von der Geburt bis zum 3. Lebensjahr

nen Untersuchungsergebnisse (Tab. 19) liegen etwa 3 bis 6 cm über den Literaturwerten. Analysen am Stutenbestand der DDR (1982) haben ergeben, daß die relative Rumpflänge sich in Grenzen von 105,16 % (Populationsmittel) bis 106,48 % der Widerristhöhe (Elitestuten) bewegt und sicher die Normalwerte darstellen. Die Entwicklung der Rumpflänge wird in der Darstellung 5 aufgezeigt.

Eine große Brusttiefe, die mit relativer Kurzbeinigkeit verbunden ist, stellt ein sicheres Zeichen für Frühreife und gutes Futterverwertungsvermögen dar. Während beim intrauterinen Wachstum eine größere Entwicklung der Gliedmaßen vor sich

Tabelle 19. Entwicklung der Rumpflänge (cm)

		Monate							
	Geburt	3	6	9	12	18	24	30	36
$\bar{x}$	67,23	98,53	111,68	124,06	130,52	138,20	144,62	147,33	150,83
% d. WH	73,69	91,23	95,88	101,24	103,55	106,20	108,02	108,33	109,16
s	5,00	9,18	10,23	4,77	3,54	2,96	3,58	4,76	2,14
s%	7,43	9,32	9,16	3,85	2,71	2,14	2,48	3,23	1,42
Var.	57–78	82–115	90–125	115–135	125–137	134–145	140–152	143–156	149–155

Tabelle 20. Entwicklung der Brusttiefe (cm)

		Monate							
	Geburt	3	6	9	12	18	24	30	36
$\bar{x}$	29,69	41,76	47,93	52,02	54,00	58,13	61,00	62,83	64,17
% d. WH	32,54	38,67	41,54	42,45	42,83	44,67	45,56	46,20	46,44
s	2,43	2,21	1,52	1,96	1,38	1,96	1,31	1,72	1,33
s%	8,18	5,30	3,18	3,77	2,56	3,37	2,51	2,74	2,07
Var.	23–34	38–47	45–50	48–55	51–56	54–61	59–61	60–65	63–66

Darstellung 5. Entwicklung der Rumpflänge (RL) bei reingezogenen Haflingern von der Geburt bis zum 3. Lebensjahr

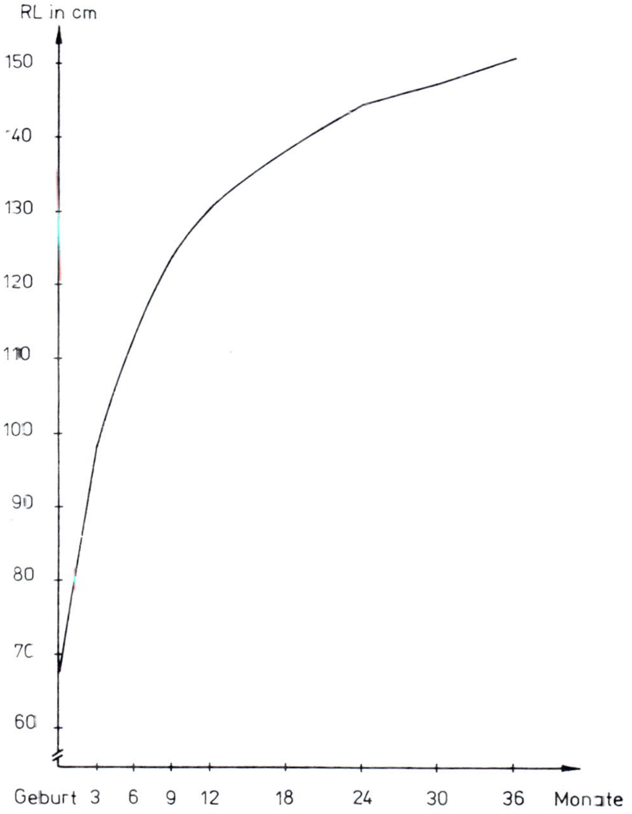

geht, so daß die Fohlen bei der Geburt immer hoch erscheinen, tritt in der postnatalen Wachstumsphase ein verstärktes Breiten-, Tiefen- und Längenwachstum ein. Die Haflinger Fohlen weisen ein normales Tiefenwachstum auf, wobei sie zur Geburt etwa 46 % der zu erwartenden Brusttiefe im Alter von 3 Jahren aufweisen. Das Geburtsmaß der Brusttiefe unterliegt einer sehr hohen Variation, die in 8,18 % (Variationskoeffizient) und im absoluten Wert von 11 cm zum Ausdruck kommt. Die Ursache der großen Streuung ist im hohen Maternaleffekt zu suchen. Im Laufe der Entwicklung nimmt die Variation ab und ist mit einer Standardabweichung $s = 1{,}33$ cm im Alter von 3 Jahren als gering zu bezeichnen.

Beim Haflinger im Vielzweckmodell wird unverändert eine tiefe und breite Brust gefordert, die in der Tiefe etwa 46 % der Widerristhöhe betragen sollte (Tab. 20). Steht die reiterliche Nutzung im Vordergrund, kann dieser Relativwert auch unterschritten werden, indem die Pferde längere Gliedmaßen haben. Es sollte jedoch immer geprüft werden, ob bei geringerer Brusttiefe nicht auf Mängel in der Aufzucht, speziell in der Fütterung, zu schließen ist.

Wie aus der Tabelle 20 zu entnehmen ist, wird bei den untersuchten Tieren bereits im Alter von 30 Monaten eine relative Brusttiefe von 46,20 % erreicht, die danach in der Größenordnung verbleibt. Die Entwicklung der Brusttiefe demonstriert die Darstellung 6.

Dem stärksten Fütterungseinfluß unterliegt der Brustumfang. Da dieser unmittelbar hinter den Schulterblättern gemessen wird, werden nicht nur die Muskelpartien, sondern auch vorhandene Fettablagerungen erfaßt. Infolgedessen kommt es je nach Futterzustand der Tiere zu einer unterschiedlich hohen Variation dieses Körpermaßes.

Wie bereits bei der Brusttiefe festgestellt, treten zur Geburt und im Alter von 3 Monaten die höchsten Variabilitäten auf. Die Fohlen erscheinen schmalbrüstig und flachrippig, was sich bei normaler Aufzucht jedoch schnell ändert. Der Brustumfang entwickelt sich entsprechend dem Größenverhältnis (Tab. 21). Bei der Geburt beträgt der Brustumfang 45,81 % des im 3. Lebensjahr erreichten. Es ist ein intensives Wachstum zu beobachten, denn schon mit 6 Monaten haben die Fohlen 53,46 % des Gesamtzuwachses erzielt (Darstellung 7). Die ermittelten Ergebnisse zeigen mit den Literaturwerten Übereinstimmung und kennzeichnen den Haflinger als futterdankbar und frühreif.

Da der Haflinger vielseitig zu verwenden sein soll, ist ein korrekt aufgebautes Fundament erwünscht, welches den Anforderungen aller Nutzungsbereiche gerecht wird. Die Gliedmaßen sollen trocken sein, eine gute Bemuskelung und wenig Behang aufweisen. Mit Hilfe der Röhrbeinstärke ist es möglich, Schlußfolgerungen über

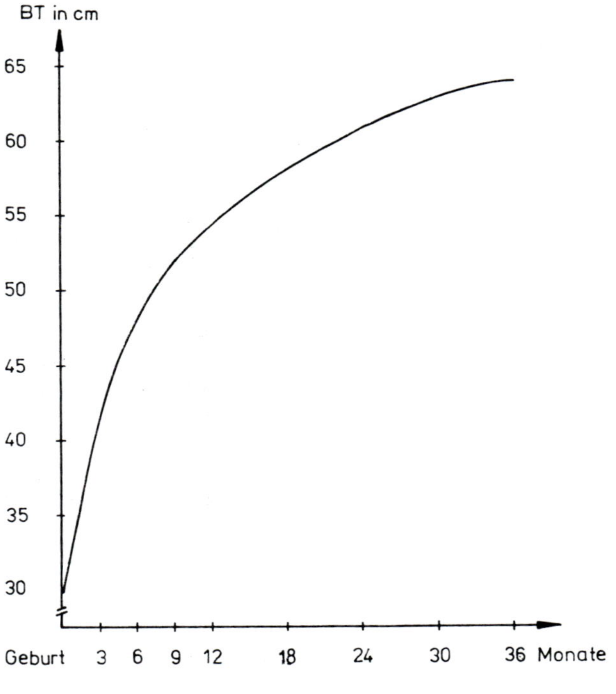

Darstellung 6. Entwicklung der Brusttiefe (BT) bei reingezogenen Haflingern von der Geburt bis zum 3. Lebensjahr

Darstellung 7. Entwicklung des Brustumfanges (BU) bei reingezogenen Haflingern von der Geburt bis zum 3. Lebensjahr

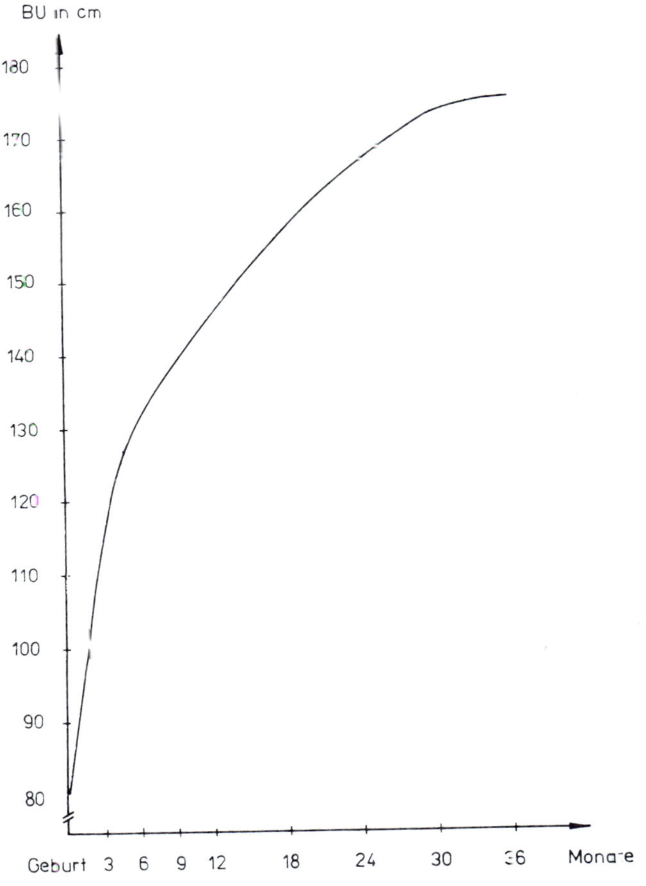

das Kaliber, und in Verbindung mit der Beurteilung der Muskeln, sowie der Ausprägung und Trockenheit der Sehnen und Bänder Rückschlüsse auf das Leistungsvermögen zu ziehen. Darüber hinaus kann in Verbindung mit der Körpermasse der Röhrbeinbelastungsindex berechnet werden, der Auskunft darüber gibt, inwieweit die Röhrbeinstärke für die Körpermasse ausreichend ist. Er stellt eine objektive Methode zur Beurteilung der optimalen Röhrbeinstärke dar. Welche Entwicklung der Röhrbeinumfang in den ersten 3 Lebensjahren zu verzeichnen hat, ist der Tabelle 22 zu entnehmen.

Zur Geburt haben die Fohlen 60,99 % Röhrbeinumfang des 3jährigen Maßes, was die bereits getroffene Aussage unterstreicht, daß sich im intrauterinen Wachstum die Gliedmaßen am stärksten entwickeln. Das Wachstum der Röhrbeinstärke verläuft kontinuierlich. Ausgehend vom Geburtsmaß, das 11,74 cm ausmacht, erreichen die Haflinger Fohlen mit 3 Jahren einen Röhrbeinumfang von 19,25 cm, welches der

Tabelle 21. Entwicklung des Brustumfanges (cm)

		Monate							
	Geburt	3	6	9	12	18	24	30	36
$\bar{x}$	80,32	115,74	131,11	139,11	144,65	157,47	166,62	173,50	175,33
s	4,86	6,43	5,40	5,29	4,17	5,29	2,97	4,59	4,18
s %	6,05	5,55	4,12	3,81	2,88	3,36	1,78	2,65	2,38
Var.	75–96	104–126	120–140	127–147	137–152	149–166	162–170	167–178	170–182

Tabelle 22. Entwicklung des Röhrbeinumfanges (cm)

		Monate							
	Geburt	3	6	9	12	18	24	30	36
$\bar{x}$	11,74	14,79	16,50	17,04	17,52	18,20	18,50	18,58	19,25
% d. WH	12,87	13,69	14,17	13,91	13,90	13,99	13,82	13,66	13,93
s	0,61	0,56	0,80	0,78	0,65	0,49	0,38	0,58	0,27
s %	5,23	4,41	4,86	4,60	3,70	2,71	2,04	3,15	1,42
Var.	11–13	13–16	15–17,5	15–18,5	16–18,5	17,5–19	18–19	18–19,5	19–19,5

Zuchtzielforderung Rechnung trägt, zumal die Variation nur 19 bis 19,5 cm umfaßt (Darstellung 8).

Tabelle 22 macht im weiteren kenntlich, daß die relative Röhrbeinstärke bezogen auf das Widerristmaß bis zum 6. Lebensmonat auf 14,17 % ansteigt und sich mit einem Wert von etwa 13,9 % der Widerristhöhe stabilisiert. Die ausgewiesenen Ergebnisse demonstrieren die Starkknochigkeit des Haflingers im Vergleich zu anderen Rassen, deren Werte mit Ausnahme von Kaltblutpferden (15,96 % der WH) darunter liegen. So weisen Englische Vollblüter im Alter von 3 Jahren eine relative Röhrbeinstärke von 11,51 % auf, Arabische Vollblüter eine von 12,31 %, Pferde der Reitrassen eine solche von 13,07 % und die Shetlandponys eine von 13,21 %.

Die Ermittlung der Körpermasse ermöglicht die Berechnung des Röhrbeinbelastungsindexes. In der Tabelle 23 ist die Entwicklung der Körpermasse und gleichzeitig die des Röhrbeinbelastungsindexes (RBI) enthalten. Die Geburtsmasse beläuft sich auf 43,27 kg und entspricht somit 9,96 % der Körpermasse im Alter von 3 Jahren. Im 6. Lebensmonat haben die Fohlen ihre Körpermasse verfünffacht (Darstellung 9). Von der Umwelt, insbesondere der Fütterung aber auch vom unterschiedli-

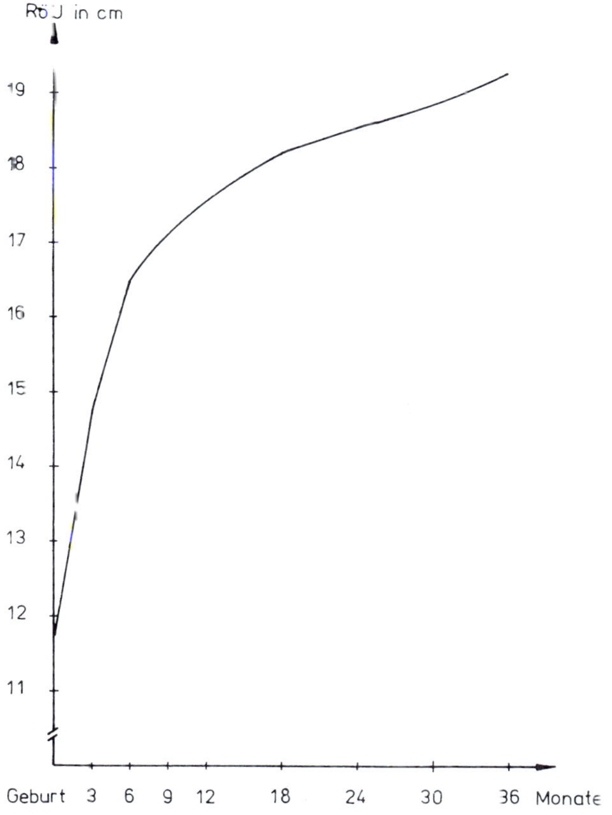

Darstellung 8. Entwicklung des Röhrbeinumfanges (RöU) bei reingezogenen Haflingern von der Geburt bis zum 3. Lebensjahr

Tabelle 23. Entwicklung der Körpermasse (kg) und des Röhrbeinbelastungsindexes (RBI)

		Monate							
	Geburt	3	6	9	12	18	24	30	36
x	43,27	142,56	198,73	244,46	273,26	336,07	373,38	424,00	434,17
s	2,95	16,76	19,53	23,63	23,37	19,04	12,29	33,13	28,74
s %	6,83	11,75	9,83	9,66	8,55	5,66	3,56	7,81	6,62
Var.	38–49	115–175	163–231	200–290	239–315	302–368	349–390	397–498	404–485
RBI	27,13	10,37	8,30	6,97	6,41	5,42	4,95	4,38	4,43

Tabelle 24. Relative Entwicklung der Körpermaße und -masse (Geburt = 100 %)

	Monate							
Körpermaß	3	6	9	12	18	24	30	36
WH	118,38	127,68	134,32	138,16	142,64	146,75	149,07	151,45
KH	122,64	132,02	138,15	141,33	146,01	149,09	151,57	153,36
RL	146,56	166,12	184,53	194,14	205,56	215,11	219,14	224,35
BT	140,65	161,43	175,45	181,88	195,79	205,46	211,62	216,13
BU	144,10	163,23	173,19	180,09	196,05	207,44	216,01	218,29
Rö	125,98	140,54	145,14	149,23	155,03	157,58	158,26	163,97
LM	329,47	459,28	564,96	631,52	776,68	862,91	979,89	1003,40

Darstellung 9. Entwicklung der Lebendmasse bei reingezogenen Haflingern von der Geburt bis zum 3. Lebensjahr

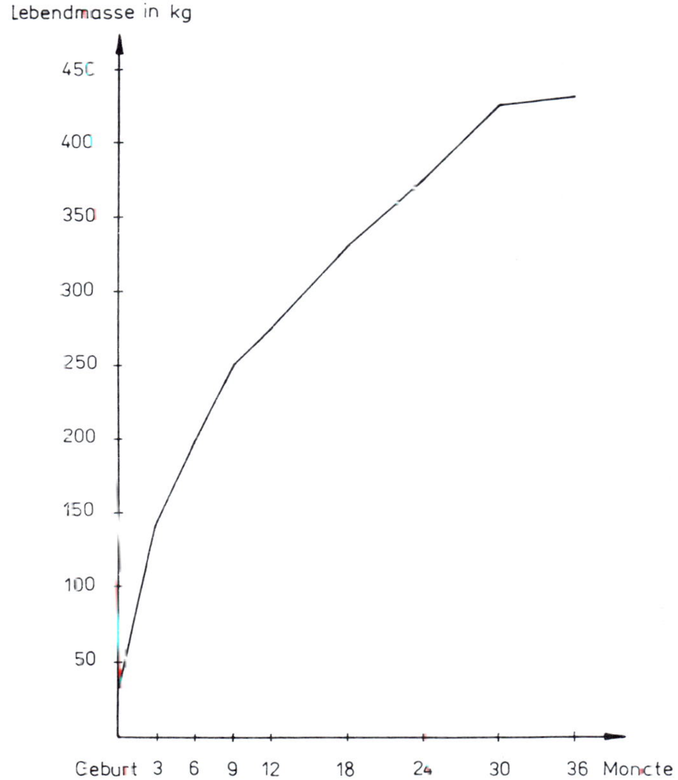

chen Größenwuchs und Kaliber stark beeinflußt, liegt hier eine relativ hohe Variation vor. Sie erreicht in der absoluten Differenz im 30. Lebensmonat eine Größe von 92 kg.

Die Entwicklung des Röhrbeinbelastungsindexes macht deutlich, daß die Fohlen zur Geburt im Verhältnis zur Körpermasse über sehr starke Gliedmaßen bei einem RBI von 27,13 verfügen. Im Verlauf des Wachstums nimmt die RBI entsprechend der kontinuierlichen Zunahme der Körpermasse ab und erreicht ab 30. Lebensmonat eine gewisse Stabilisierung um den Wert 4,4. Diese neuen Ergebnisse stimmen mit den Untersuchungen durch Schwark (1961) überein und dokumentieren, daß der Haflinger trotz der Vergrößerung ein stabiles Fundament beibehalten hat, obwohl, bezogen auf die Widerristhöhe, eine leichte Verringerung von 14,23 % (1961) auf 13,93 % (1984) zu verzeichnen ist. Dem Haflinger stehen für 100 kg Körpermasse 4,4 cm Röhrbeinumfang zur Verfügung, während der Kaltblüter einen RBI von 3,8 aufweist. Die Shetlandponys liegen mit einem Röhrbeinbelastungsindex von 7,6 weit über denen der beiden genannten Rassen.

Zusammenfassend werden die oben getroffenen Feststellungen durch die Ergebnisse der Darstellung 10 unterstrichen, die die relativen Geburtsmaße beinhaltet.

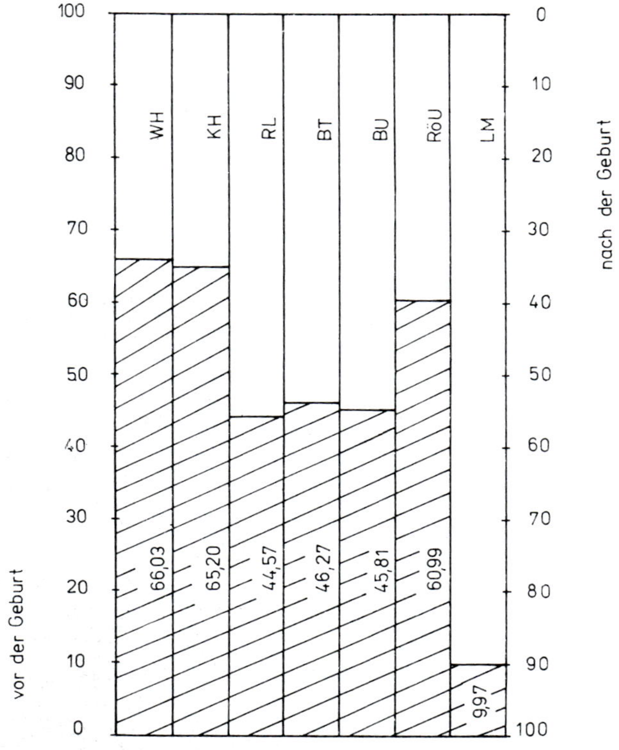

Darstellung 10. Relativer Anteil der Körpermaße und -masse vor und nach der Geburt (3 Jahre=Endwert)

Während im pränatalen Wachstum die Entwicklungsintensität der Körpermaße in der Reihenfolge Widerristhöhe, Kruppenhöhe, Röhrbeinumfang, Brusttiefe, Brustumfang, Rumpflänge und Lebendmasse vor sich geht, verläuft das Wachstum der Körpermaße in der postnatalen Phase in umgekehrter Reihenfolge. Dies verdeutlicht auch die in der Tabelle 24 angegebene prozentuale Entwicklung von der Geburt bis zum 3jährigen Pferd.

Von den Körpermaßen weist die Rumpflänge das intensivste Wachstum auf, dem sich der Brustumfang und die Brusttiefe anschließen. Der im intrauterinen Wachstum entstandene Rückstand wird im postnatalen Entwicklungsabschnitt wieder aufgeholt. Im Alter von 3 Jahren haben die Haflinger ihre Geburtsmasse verzehnfacht, was ebenfalls auf die Frühreife dieser Rasse schließen läßt (Darstellung 10).

Mittels der Berechnung der relativen Zuwachsraten (Tab. 25) während der ersten 3 Lebensjahre (Gesamtzuwachs=100 %) ist es möglich, Aussagen über die Entwicklungsschwerpunkte und den Entwicklungsabschluß der einzelnen Körpermaße zu treffen.

Der Entwicklungsschwerpunkt der Körpermaße und Lebendmasse liegt im 1. Lebensjahr, speziell in den ersten 6 Lebensmonaten, in denen die Fohlen, mit Ausnahme der Körpermasse, über 50 % des Gesamtzuwachses erreicht haben (Darstel-

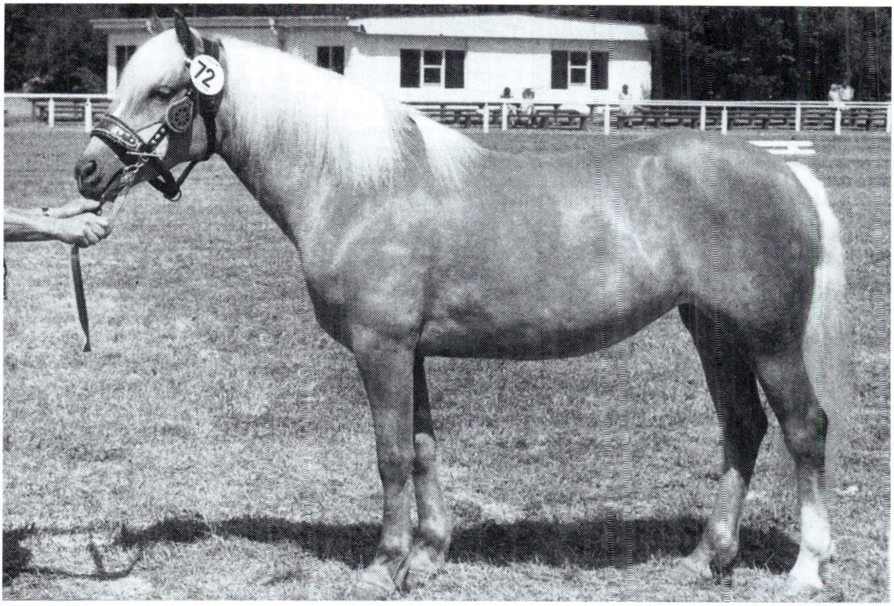

Abb. 31 u. 32. Die Elitestuten „Marlieschen H 591" und „Saline H 578" verkörpern, als Vertreterinnen der obersten Zuchtebene, in bester Weise das Zuchtziel des Haflingers

Abb. 33 u. 34. Die Nachzuchtsammlungen der Hengste „Steven 45“ und „Montanus 62“ demonstrieren die Ausgeglichenheit in den rassetypischen Merkmalen

Abb. 35 u. 36. Eine strenge Selektion hinsichtlich Typ, Modell und Exterieur spiegelt sich in den Zuchtprodukten wider; eine Kollektion Stuten des erzgebirgischen Zuchtgebietes

Abb. 37. Kopfstudie einer sehr typvollen durch Mütterlichkeit geprägten Haflinger Stute

Abb. 38. Bei den Fohlen tritt die stark ausgeprägte Stirnpartie als ein Merkmal des arabischen Bluteinflusses besonders in Erscheinung

Abb. 39. Aufmerksamkeit, Adel und Markanz sind typische Merkmale des Haflingers

Abb. 40–42. Im begrenzten Umfang kam in der Haflinger Zucht der DDR die Veredlungskreuzung mit Arabischem Vollblut zur Anwendung: Veredlerhengst „Galib ben Afas ox 1273“, geb. 1966, F_1-Hengst „Galan 66“, geb. 1974, mit 50 % Genanteilen des Arabischen Vollbluts, R_1-Hengst „Gallus 90“, geb. 1979, mit 25 % Genanteilen des Arabischen Vollbluts

Abb. 43. Die Einkreuzung von Arabischem Vollblut in die Haflinger Zucht erfordert eine zielgerichtete Auswahl geeigneter Paarungspartner; Stute „Donna H 189", geb. 1970, aus dem Volkseigenen Gut Allmenhausen

Abb. 44. F_1-Stute „Maika H 144", geb. 1970, mit 50 % Genanteilen des Arabischen Vollbluts, VEG Kunnerwitz

Abb. 45. R_1-Stute Logie „H 533", geb. 1978, mit 25 % Genanteilen des Arabischen Vollbluts, VEG Meura

Abb. 46. Die Dressurlektion „10 s Stillstehen" überprüft die nervliche Stabilität und Konzentrationsfähigkeit der Probanden

Abb. 47. In der Dressurprüfung haben die Haflinger ihre Reiteignung unter Beweis zu stellen; die Stute „Derley H 442" mit 25 % Genanteilen Arabischen Vollbluts zeigt ihre gute Reitveranlagung

Abb. 48. Die Leistungsprüfung als Basis der Zuchtwahl stellt hohe physische und psychische Anforderungen; das Überwinden des Wasserhindernisses bildet eine Charakter- und Gehorsamkeitsprüfung

Abb. 49. Auch auf Schauveranstaltungen demonstrieren die Haflinger ihre Dressureignung, wie hier bei einer Dressurquadrille in Niederösterreich

Abb. 50. Charakteristisch für den Haflinger ist seine gute Umgänglichkeit und Sicherheit im Gelände, was seine hervorragende Eignung für die Touristik unterstreicht

Abb. 51. Zur Beurteilung der natürlichen Springveranlagung werden die Zuchttiere im Freispringen getestet. Die Bewegungseigenschaften beim Überwinden des Hindernisses sind ohne jeden Reitereinfluß deutlich erkennbar

Abb. 52 u. 53. Im weiteren erfolgt die Bewertung der Springeignung unter dem Reiter sowohl im Parcours als auch im Gelände, um den unterschiedlichen Anforderungen Rechnung zu tragen (oben Hengst „Winchester 5“ im Sprunggarten)

Abb. 54 u. 55. Mit Hilfe der Zugwilligkeitsprüfung wird die charakterliche Eignung und die Leistungsbereitschaft für die Nutzung im Geschirr festgestellt. Bewertungskriterien sind dabei das Halten, der ruhige gleichmäßige Anzug und die Kontinuität des Zuges

Abb. 56. Hengst „Stachus 13“ in der Schleppeprüfung

Abb. 57. Ein großer Raumgriff in den Grundgangarten ist ein wesentliches gebrauchswertbestimmendes Kriterium; der Hengst „Stern 71“ zeigt seine raumgreifenden Bewegungen vor dem Sulky im Trab

Abb. 58. Die Gespannprüfung vor dem Wagen auf der Straße — ein Prüfungsdetail zur Bestimmung der Fahreignung; Hengste „Neger 14“ und „Marco 12“

Abb. 59. Eine weitere Form der Leistungsprüfung stellen turniersportliche Veranstaltungen dar, wo die Pferde in speziellen Disziplinen Höchstleistungen vorführen

Tabelle 25. Prozentuale Zuwachsraten während der ersten 3 Lebensjahre (Gesamtzuwachs = 100 %)

	Monate						
Körpermaß	bis 3	6	9	12	6–12	12–24	24–36
WH	35,73	53,79	66,70	74,16	20,37	16,70	9,14
KH	42,43	60,00	71,49	77,45	17,45	14,55	8,00
RL	37,44	53,17	67,98	75,71	22,54	16,87	7,43
BT	35,00	52,90	64,76	70,50	17,60	20,30	9,19
BU	37,28	53,46	61,88	67,71	14,25	23,12	9,17
Rö	40,61	63,38	70,57	76,96	13,58	13,05	9,99
LM	25,40	39,77	51,47	58,84	19,07	25,61	15,55

lung 11). In den beiden folgenden Jahren ist eine fallende Tendenz in der Wachstumsintensität zu verzeichnen. Im Vergleich zum 2. Lebenshalbjahr nimmt im 2. Lebensjahr die Wachstumsintensität bei den Rumpfmaßen (BT und BU) und der Lebendmasse nochmals zu, während sie bei den Größen- und Längenmaßen kontinuierlich abnimmt. Die Zuwachsraten im 3. Lebensjahr lassen noch keinen endgültigen Wachstumsabschluß erkennen.

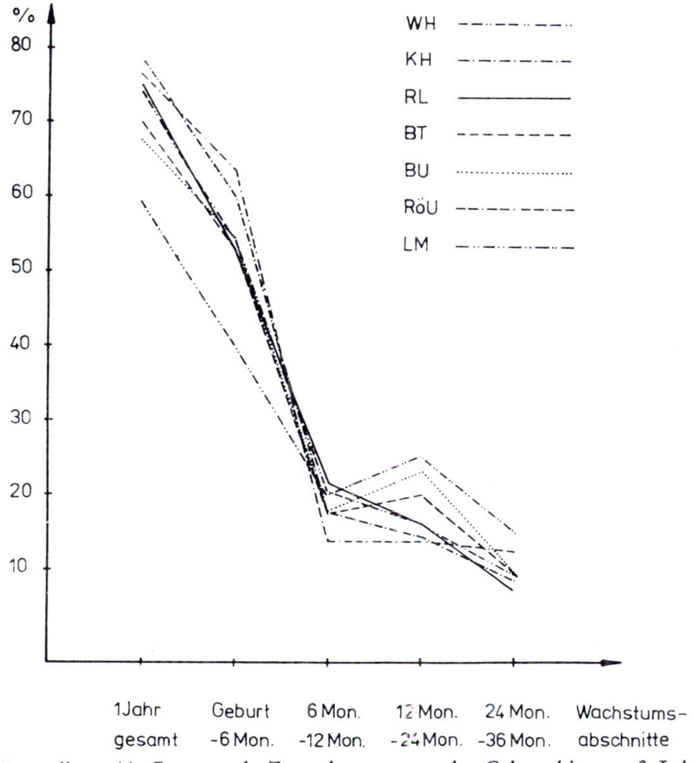

Darstellung 11. Prozentuale Zuwachsraten von der Geburt bis zum 3. Lebensjahr

5.2. Wachstumsverlauf unterschiedlicher Genotypen des Haflinger Pferdes

Die zu erwartenden Endmaße sind bei allen landwirtschaftlichen Nutztieren und so auch beim Pferd genetisch bedingt. Dabei wird der Zeitpunkt des Erreichens der Endwerte stark vom Ernährungs- und Aufzuchtniveau beeinflußt. Der genetisch determinierte Wachstumsverlauf legt jedoch auch hier den Grad der Frühreife bzw. Spätreife fest.

Im folgenden werden zwei verschiedene Genotypen, die aus Araber-Haflinger-Kreuzungen resultieren, hinsichtlich ihres Wachstumsverlaufes vergleichsweise geprüft. Es handelt sich um Kreuzungen von Hengsten der Rasse Arabisches Vollblut mit Haflinger Stuten (F_1) und deren Rückkreuzungen, vornehmlich der Verpaarung von F_1-Hengsten mit Stuten der Haflinger Reinzucht (R_1). Für die Untersuchungen standen nur männliche Fohlen ab einem Alter von 6 bis 9 Monaten zur Verfügung. Aus diesem Grund umfaßt die Wachstumsanalyse den Zeitraum vom 12. bis zum 36. Lebensmonat. Dabei kommen analog zu den reingezogenen Haflingern die gleichen Körpermaße zur Auswertung.

Im Verlauf des Wachstums (Jährling bis 3jähriges Pferd) zeigen sich bei den Größenmaßen genotypische Differenzen. Sie treten speziell zwischen den F_1- und reingezogenen Haflingern auf, wobei im Alter von 3 Jahren eine Überlegenheit der F_1-Tiere erkennbar ist (Tab. 26 und 27). Während die reingezogenen Haflinger eine Widerristhöhe von 139,2 cm und Kruppenhöhe von 141,7 cm aufweisen, betragen

Tabelle 26. Entwicklung der Widerristhöhe (cm) unterschiedlicher Genotypen

	Monate				
Genotyp	12	18	24	30	36
Haflinger	128,5	133,4	136,9	138,8	139,2
F_1 $\bar{x}$	128,4	133,4	138,6	139,2	140,6
R_1	126,3	132,3	137,1	137,9	139,1
Haflinger	125–132	129–138	134–141	135–144	135–145
F_1 Var.	122–134	127–139,5	133–143	133–143,5	134–146
R_1	121–130	126–137	133–141	134–142,5	134–143

Tabelle 27. Entwicklung der Kruppenhöhe (cm) unterschiedlicher Genotypen

	Monate				
Genotyp	12	18	24	30	36
Haflinger	133,2	137,6	140,2	141,1	141,7
F_1 $\bar{x}$	131,8	135,7	140,0	141,4	142,8
R_1	130,0	135,1	138,9	139,7	141,9
Haflinger	127–138	134–141	135–146	136–147	137–147
F_1 Var.	126–137	132–142	135–145	135–147	136–149
R_1	125–133	128–139	136–142	136–144	139–146

diese Werte bei den Haflingern mit 50 % Genanteilen des Arabischen Vollbluts 140,6 cm und 142,8 cm.

Die Veränderung der Widerristhöhe durch die Arabereinkreuzung entspricht in der Tendenz den Erwartungen, indem die F_1-Produkte den höchsten Mittelwert realisieren und auch die größten Pferde, mit 146 cm im Alter von 3 Jahren, hervorbringen. Die mittlere absolute Überlegenheit in der Größe ist jedoch mit 1,4 cm im Alter von 3 Jahren relativ gering. Hierbei mag das Untersuchungsmaterial umfangsbedingt eine Rolle gespielt haben, indem einige Probanden den Mittelwert herunterdrückten. Dies ist jedoch insofern bedeutungslos, als die Variation der Größenmaße durch die Arabereinkreuzung erhöht wird und somit zwangsläufig auch kleine Produkte anfallen. Auf die hochgradige Variation ist schließlich auch die mittlere Gleichwertigkeit der R_1-Produkte zu den reingezogenen Haflingern zurückzuführen

Insgesamt überrascht die fehlende „Uniformität" der F_1-Produkte, die sich auch in der R_1-Konstruktion auswirkt. Die Werte des Größenwuchses führen somit zu der Erkenntnis, daß durch die Arabereinkreuzung die Werte des Populationsmittels angehoben werden und sich die Variation vergrößert. Somit entstehen neben großen auch absolut kleine und bei Koppelung mit geringer Körperlänge und -breite kleinrahmige F_1- bzw. R_1-Produkte. Somit bringt die Kreuzung einerseits Modelle hervor, die der Zielstellung nach Vergrößerung des Haflingers voll entsprechen. Andererseits fallen aber auch solche Pferde an, und der Anteil ist nicht gering, die keine Verbesserung der Größenmaße aufzuweisen haben.

In der Darstellung 12 wird der kontinuierliche und sich progressiv gestaltende Wachstumsverlauf der 3 Genotypen verdeutlicht. Besonders im 2. Lebensjahr ist ein verstärktes Wachstum zu verzeichnen. Im 3. Lebensjahr läßt bei allen 3 Gruppen die Wachstumsintensität merklich nach. Es ist zu erkennen, daß bei den 3 Genotypen auch am Ende des 3. Lebensjahres das Höhenmaß der Kruppe das des Widerristes übersteigt. Dabei bestätigt die fallende Tendenz von den Haflingern (2,5 cm) zu den F_1-Tieren (2,2 cm) den zu erwartenden Einfluß des Arabers. Es kann festgestellt werden, daß auch bei den Kreuzungsstufen im Alter von 3 Jahren noch nicht die endgültigen Größenmaße erreicht sind. Es ist anzunehmen, daß der Wachstumsabschluß bei den F_1- und R_1-Haflingern aufgrund des Genanteiles des Arabischen Vollbluts verzögert wird.

Der Wachstumsverlauf der absoluten und relativen Rumpflänge bringt das rassespezifische Langrechteckformat des Haflingers zum Ausdruck (Tab. 28). Dabei ist es von Interesse zu prüfen, inwieweit Genanteile des Arabers das Format des Haflingers verändern. Obwohl die Maße der absoluten Rumpflänge im Alter von 3 Jahren bei allen 3 Genotypen gleich sind und Werte um 148 cm einnimmt, verläuft die Veränderung des Formats vom Hochrechteck zum Langrechteck genotypgebunden verschieden. Während die reingezogenen Haflinger mit 12 Monaten 102,6 % der Widerristhöhe erreicht haben, befinden sich die Kreuzungsprodukte noch im Hochrechteckformat. Im Alter von 18 Monaten verschieben sich die Proportionen, indem die F_1-Probanden nahezu im Quadratformat und die R_1-Tiere schon im Langrechteckformat stehen. Als 3jährige Pferde weisen alle 3 Genotypen das Langrechteckformat auf, wobei die F_1-Produkte durch die geringste relative Rumpflänge von 105,3 % gekennzeichnet sind.

Anhand der Wachstumskurve, in Darstellung 13 wiedergegeben, wird ersichtlich,

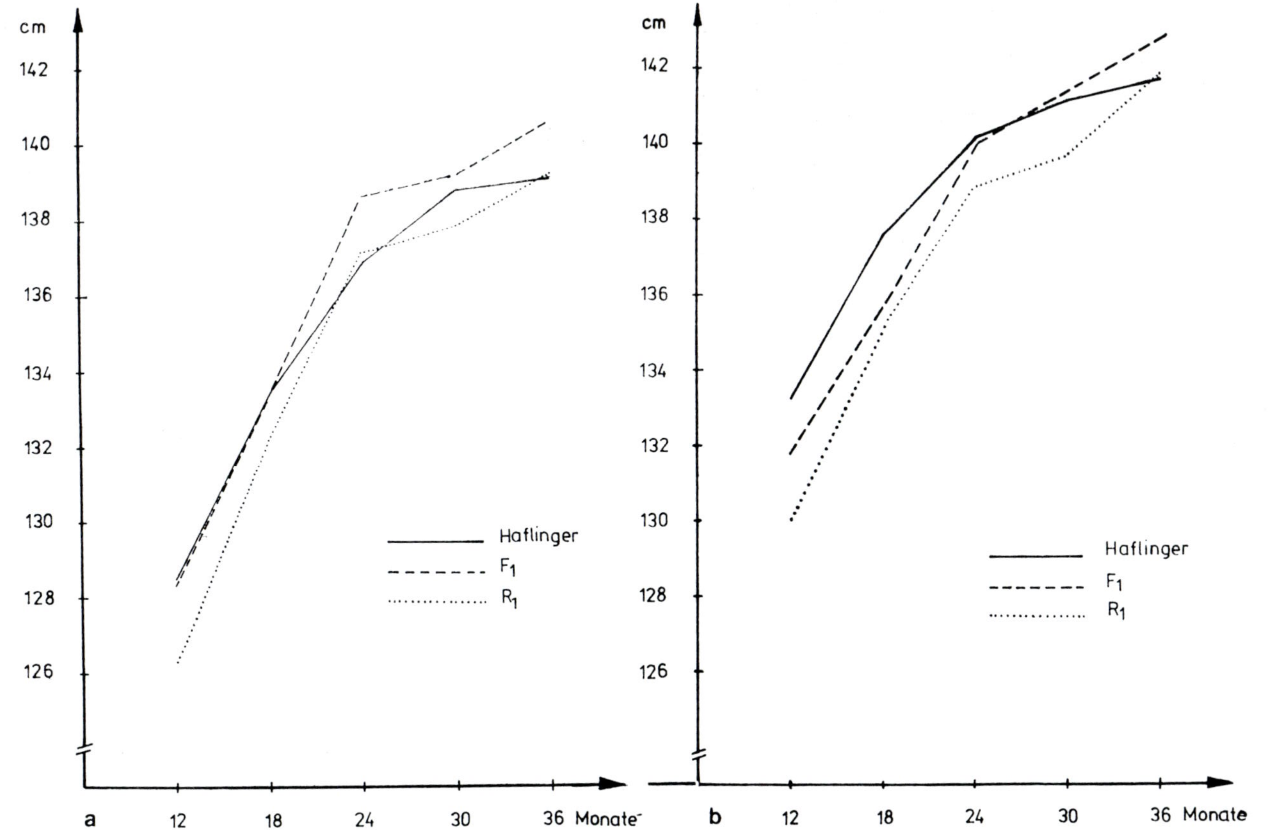

Darstellung 12. a Entwicklung der Widerristhöhe unterschiedlicher Genotypen, b Entwicklung der Kruppenhöhe unterschiedlicher Genotypen

Tabelle 28. Entwicklung der Rumpflänge (cm) unterschiedlicher Genotypen

Genotyp	Monate 12	18	24	30	36
Haflinger	131,9	140,2	144,8	147,5	148,2
F_1 $\bar{x}$	124,0	134,8	141,3	145,5	148,1
R_1	125,2	135,4	143,8	148,3	148,4
Haflinger	126 – 137	136 – 145	139 – 151	142 – 154	142 – 154
F_1 Var.	120 – 128	123 – 142	137 – 148	141 – 153	143 – 152
R_1	118 – 134	126 – 142	142 – 150	143 – 156	144 – 154
Haflinger	102,6	105,2	105,7	106,3	106,5
F_1 rel. RL	96,6	101,0	102,0	104,5	105,3
R_1	99,1	102,3	104,9	107,5	106,7

daß bis zum Alter von 3 Jahren, besonders bei den Haflingern mit 50 % Genanteilen des Arabischen Vollbluts, kein Abschluß in der Entwicklung der Rumpflänge zu erkennen ist. Es ist jedoch unwahrscheinlich, daß im verbleibenden Wachstumsabschnitt weitere Veränderungen eintreten und somit das Arabische Vollblut die relative Rumpflänge des Haflingers geringfügig (~ 1,5 %) rückläufig gestaltet.

Hinsichtlich des Wachstumsverlaufes von Brusttiefe und Brustumfang treten eben-

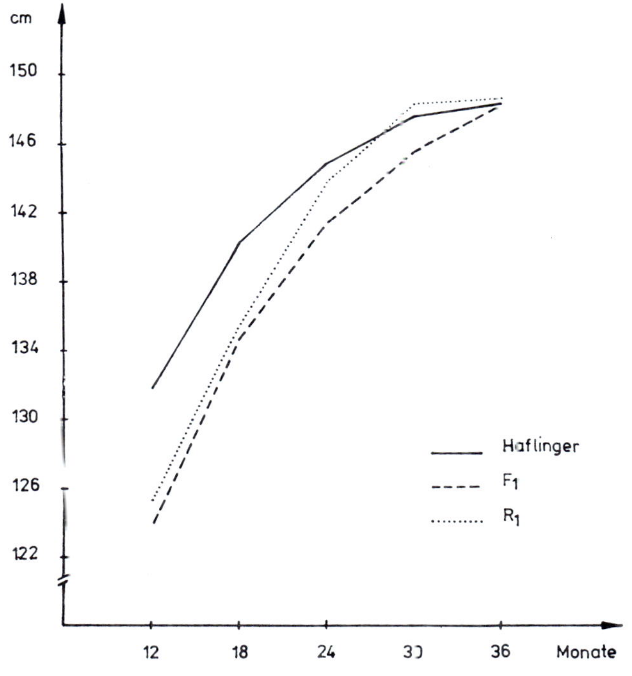

Darstellung 13. Entwicklung der Rumpflänge (cm) unterschiedlicher Genotypen

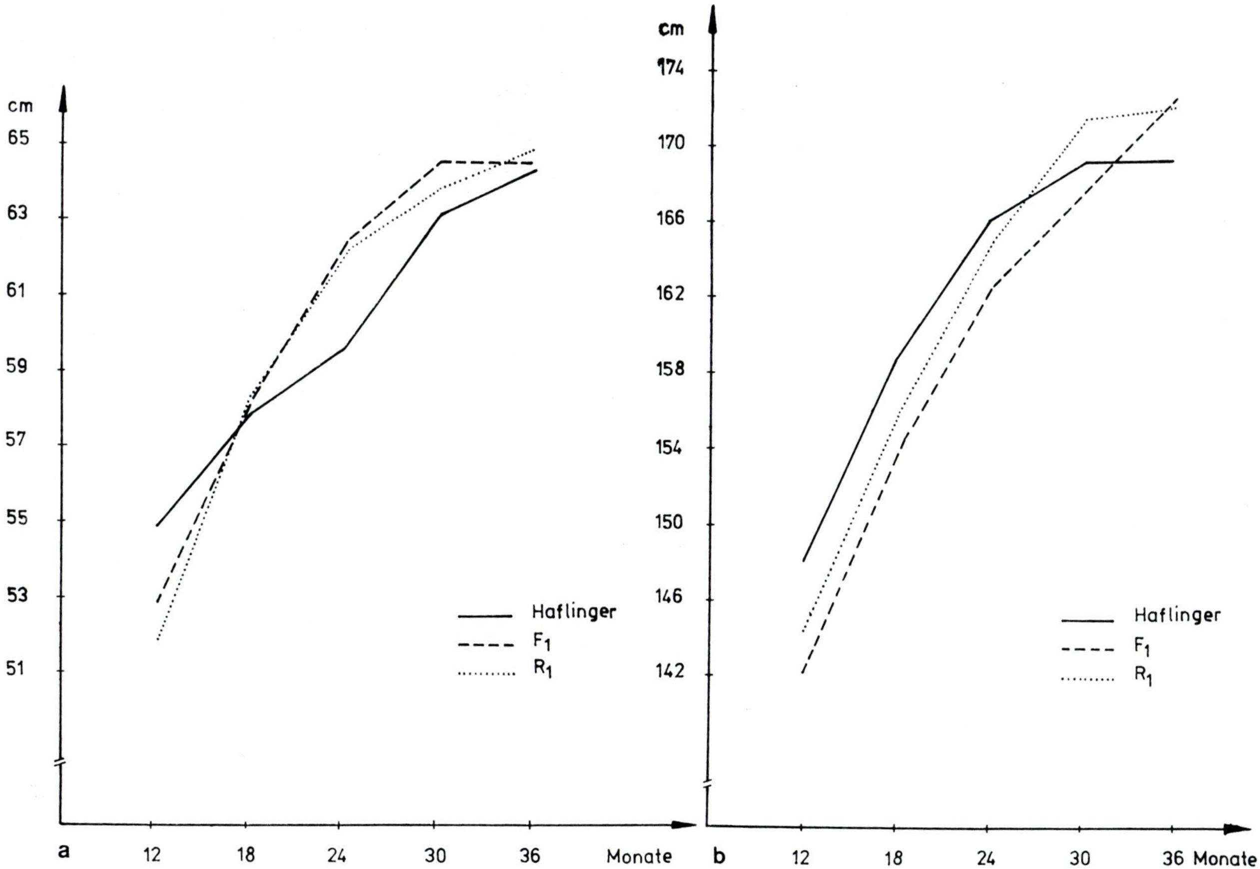

Darstellung 14. a Entwicklung der Brusttiefe (cm) unterschiedlicher Genotypen, b Entwicklung des Brustumfanges (cm) unterschiedlicher Genotypen

Tabelle 29. Entwicklung der Brusttiefe (cm) unterschiedlicher Genotypen

	Monate				
Genotyp	12	18	24	30	36
Haflinger	54,9	57,9	59,6	63,2	64,3
F_1 $\bar{x}$	52,9	58,2	62,4	64,5	64,5
R_1	51,9	58,4	62,6	63,9	64,8
Haflinger	53–56	57–59	57–61	59–65	61–66
F_1 Var.	50–55	55–61	60–64	60–67	60–67
R_1	49–55	52–62	61–65	63–66	62–68

Tabelle 30. Entwicklung des Brustumfanges (cm) unterschiedlicher Genotypen

	Monate				
Genotyp	12	18	24	30	36
Haflinger	148,0	158,3	166,1	169,1	169,3
F_1 $\bar{x}$	142,1	153,8	162,5	167,5	172,8
R_1	144,2	155,9	165,0	171,6	172,3
Haflinger	146–152	153–164	161–171	162–173	163–173
F_1 Var.	137–148	147–158	159–167	160–171	164–180
R_1	140–150	151–165	162–169	166–179	165–179

falls erwartungsgemäß genotypische Differenzen auf (Tab. 29 und 30). Die Ausgangswerte der reingezogenen Haflinger (BT: 54,9 cm; BU: 148,0 cm) liegen im 12. Lebensmonat über denen der beiden anderen Genotypen. Jedoch haben die Kreuzungsprodukte im Alter von 3 Jahren die Maße der Haflinger (BT: 64,3 cm; BU: 169,3 cm) erreicht, so daß keine meßbaren Unterschiede auftreten. Die Variation ist auch hier bei den Kreuzungsprodukten erhöht.

Beim Brustumfang entwickelt sich bei anfänglicher Unterlegenheit ein höheres Maß der Kreuzungsprodukte im Alter von 3 Jahren. Aus der Darstellung 14 geht hervor, daß die reingezogenen Probanden bei der Brusttiefe einen nochmaligen bedeutenden Anstieg nach dem 24. Lebensmonat zu verzeichnen haben. Hingegen weisen die F_1- und R_1-Produkte eine hohe Wachstumsintensität beim Brustumfang über den gesamten Zeitabschnitt auf. Insgesamt ist eine das Format beeinflussende Wirkung der Arabereinkreuzung festzustellen. Die Reduzierung der relativen Körperlänge geht mit einer stärkeren Rippenwölbung einher, so daß die Kreuzungsprodukte rumpfinger und geschlossener hinter der Schulter sind.

Die im vorhergehenden Kapitel 4 dargestellten Ergebnisse zur Merkmalsausprägung der unterschiedlichen Genotypen haben ergeben, daß die Araber-Einkreuzung eine Verfeinerung im Fundament bewirkt. Die Abnahme des Röhrbeinumfanges erfolgt gewöhnlich in der Reihenfolge vom Haflinger über die R_1- zu den F_1-Tieren Diese Aussage wird auch in dieser Wachstumsanalyse bestätigt. Die Überlegenheit der Haflinger im 12. Lebensmonat bleibt bis zum 3jährigen Pferd bestehen. So weisen die reingezogenen Haflinger einen Röhrbeinumfang von 20,7 cm, die R_1- von 19,9 cm und die F_1-Produkte von 19,5 cm auf (Tab. 31). Bezüglich des Wachstumsverlaufes zeichnen sich unterschiedliche Intensitäten zwischen den Genotypen ab, was in der Darstellung 15 zum Ausdruck kommt.

Unter Einbeziehung der Körpermasse kann, wie erwähnt, der Röhrbeinbelastungsindex errechnet werden. Die Entwicklung der Körpermasse und des Röhrbeinbe-

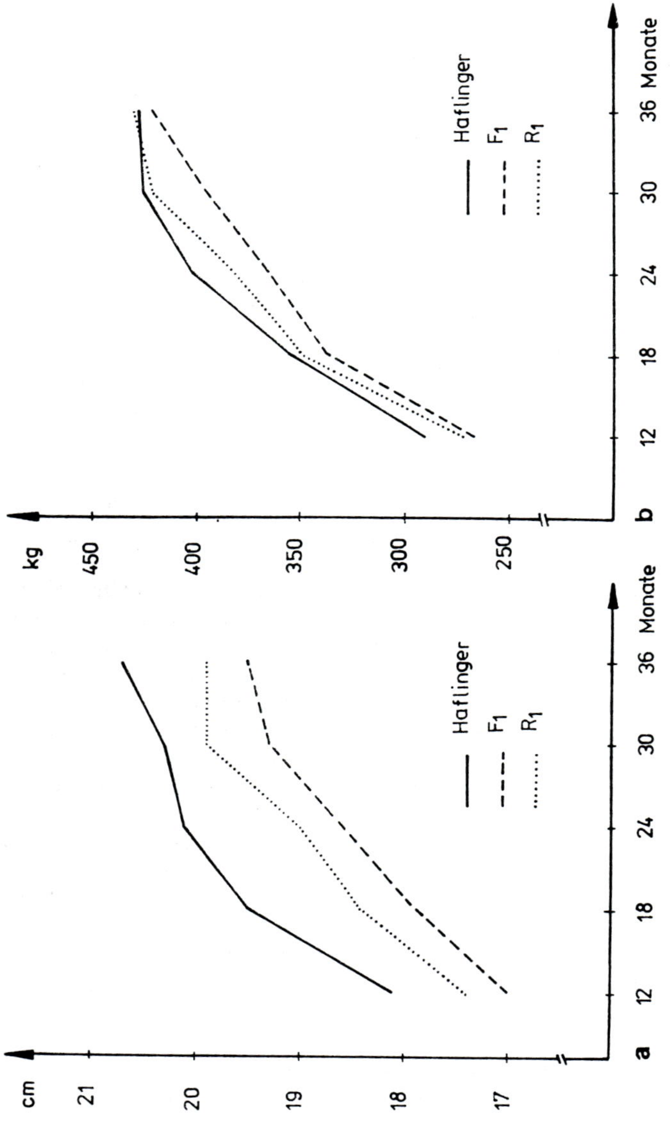

Darstellung 15. a Entwicklung des Röhrbeinumfanges (cm) unterschiedlicher Genotypen, b Entwicklung der Körpermasse (kg) unterschiedlicher Genotypen

Tabelle 31. Entwicklung des Röhrbeinumfanges (cm) unterschiedlicher Genotypen

Genotyp		Monate 12	18	24	30	36
Haflinger		18,1	19,5	20,1	20,3	20,7
F_1	$\bar{x}$	17,0	17,9	18,6	19,3	19,5
R_1		17,4	18,4	19,0	19,9	19,9
Haflinger		17,5–18,5	18,5–21,0	19,5–21,0	19,5–21,0	19,5–21,5
F_1	Var.	16,0–17,5	17,0–18,5	18,0–19,0	18,0–20,0	18,5–20,0
R_1		16,5–18,0	17,5–19,0	18,5–19,5	19,0–20,5	19,0–20,5

Tabelle 32. Entwicklung der Körpermasse (kg) unterschiedlicher Genotypen

Genotyp		Monate 12	18	24	30	36
Haflinger		290,6	355,2	403,1	427,5	428,3
F_1	$\bar{x}$	268,4	339,0	366,4	396,4	422,1
R_1		271,9	350,5	384,1	424,4	429,1
Haflinger		250–315	325–385	370–440	380–465	390–470
F_1	Var.	237–295	304–362	336–390	352–437	375–456
R_1		244–297	308–389	354–405	380–467	397–465
Haflinger		6,2	5,5	5,0	4,3	4,8
F_1	RBI	6,3	5,3	5,1	4,9	4,6
R_1		6,4	5,2	4,9	4,7	4,6

lastungsindexes (RBI) ist in der Tabelle 32 enthalten. Es zeigt sich, daß alle 3 Genotypen über eine progressive Körpermasseentwicklung mit klarer Rangfolge: Haflinger, R_1- und F_1-Produkte verfügen. Die Differenziertheit geht im Alter von 36 Monaten verloren, so daß ab diesem Zeitpunkt eher die Kondition als der Genotyp den Ausschlag gibt. Die Variation der Körpermasse ist relativ hoch, folgt aber im Prinzip der oben ausgewiesenen Rangfolge. Auffallend ist, daß bei allen Genotypen beträchtliche Unterschiede vorliegen und die Differenz im Alter von 3 Jahren bei 70–80 kg liegt. Im Vergleich hierzu ist die Differenz zwischen den Genotypen gering.

Ein Vergleich des Röhrbeinbelastungsindexes zwischen den Genotypen ergibt im Mittel des Untersuchungsmaterials keine wesentlichen Unterschiede. Dies macht deutlich, daß trotz Vergrößerung des Rahmens und einer einhergehenden Verfeinerung der Gliedmaßen durch den Einfluß des Arabischen Vollbluts entsprechende Proportionen zwischen Körpermasse und Fundament gewährleistet sein können. Dies schließt jedoch ein Zusammentreffen von überdurchschnittlicher Körpermasse und geringem Röhrbeinumfang und umgekehrt nicht aus.

Auf der Basis der ermittelten Zuwachsraten (Tab. 33) werden nochmals die vorliegenden genotypgebundenen Differenzen im Wachstumsverlauf der einzelnen Körpermaße veranschaulicht. Darin kommt zum Ausdruck, daß sich vom 12. bis zum

Tabelle 33. Prozentuale Zuwachsraten vom 1. bis zum 3. Lebensjahr unterschiedlicher Genotypen (Gesamtzuwachs = 100 %)

Genotyp	Körpermaß	Monate 12–18	18–24	24–30	30–36
Haflinger		45,8	32,7	17,8	3,7
F_1	WH	41,0	42,6	4,9	11,5
R_1		46,9	37,5	6,2	9,4
Haflinger		51,8	30,6	10,6	7,1
F_1	KH	35,4	39,1	12,7	12,7
R_1		42,9	31,9	6,7	18,5
Haflinger		50,9	28,2	16,6	4,3
F_1	RL	44,8	27,0	17,4	10,8
R_1		44,0	36,2	19,4	0,4
Haflinger		31,9	18,1	38,3	11,7
F_1	BT	45,7	36,2	18,1	–
R_1		50,4	32,6	10,1	7,0
Haflinger		50,7	34,3	14,1	0,9
F_1	BU	38,1	28,3	16,3	17,3
R_1		41,6	32,4	23,5	2,5
Haflinger		53,8	23,1	7,7	15,4
F_1	Rö	36,0	28,0	28,0	8,0
R_1		40,0	24,0	36,0	–
Haflinger		46,9	34,8	17,7	0,6
F_1	KM	45,9	17,8	19,5	16,7
R_1		50,1	21,3	25,6	3,0

18. Lebensmonat die höchste Wachstumsintensität vollzieht. Nachfolgend bis zum 3. Lebensjahr, den Genanteilen des Arabischen Vollbluts Rechnung tragend, treten unterschiedliche Entwicklungstendenzen zwischen den Genotypen auf, die besonders zwischen den reingezogenen Haflingern und den F_1-Produkten zu beobachten sind.

Messungen und Wägungen dienen der Objektivierung von Aussagen. Auch im vorliegenden Vergleich von Haflingern mit zwei genotypischen Konstruktionen Arabisches Vollblut × Haflinger schaffen die ermittelten Daten Grundwerte der Beurteilung. Grundwerte insofern, als an einer Gruppe von Tieren verfolgt, die Mittelwerte und die Variation der Einzelwerte ausgewiesen werden. Das Zusammenwirken von Maßen und Intensitäten im Einzelindividuum bleibt hiervon unberührt. Aber es ist gut zu wissen, daß nur die Zusammenführung der am Einzeltier ermittelten objektiven Daten mit der subjektiven variablen Prüfung des Zusammenspiels der Merkmale und der Gesamtharmonie den Wert des Tieres relativ sicher bestimmen kann. Daß hierbei auch interieure Werte zu berücksichtigen sind, versteht sich in gleicher Weise, wie die Ergebnisse von Leistungsprüfungen die Endaussage beeinflussen.

Der Einfluß des Arabischen Vollblutes auf Wachstum, Körpermaße und -masse sowie auf das Format des Haflinger Pferdes läßt sich an Hand des vorliegenden Vergleiches in einige grundsätzliche Wirkungsrichtungen zusammenfassen. Hierbei nimmt die ausgewiesene Tendenz mit höherem Genanteil (50 %) zu und mit sich verringerndem (25 %) ab. Erwartungsgemäß nimmt die Größe der Variation der Merkmale im Bestand der Kreuzungsprodukte gegenüber den reingezogenen Haflingern zu. Die Kreuzungsprodukte sind im Vergleich zueinander weniger einheitlich als Haflinger aus der Reinzucht. Daraus resultieren unterschiedliche Merkmalskombinationen, die sowohl in gewünschten als in nicht gewünschten Merkmalsausprägungen auftreten.

Auf Größe und Format bezogen, hat der Einfluß des Arabischen Vollblutes eine das Widerristmaß erhöhende Wirkung. Damit einher geht eine gewisse Egalisierung der Kruppenhöhe. Die relative Rumpflänge unterliegt einer Reduzierung. In Verbindung mit einer stärker ausgeprägten Rippenwölbung gegenüber Reinzuchtprodukten sind die Kreuzungshaflinger von einem besseren Schluß in der Mittelhand, insbesondere hinter der Schulter, gekennzeichnet.

Auf das Skelett wirken die Genanteile des Arabers verfeinernd, so daß signifikante Unterschiede zwischen den F_1-Produkten und den Vergleichstieren auftreten. Bezüglich der Körpermasseentwicklung ist das Verhältnis entgegengesetzt der Höhe des arabischen Genanteils mit weitgehend gleicher mittlerer Körpermasse aller geprüften Genotypen im Alter von drei Jahren. Die Differenzen innerhalb der Genotypen sind weitaus größer als zwischen diesen. Hohe Körpermassen können in Verbindung mit geringen Röhrbeinmaßen beträchtliche Störungen der Harmonie des Phänotyps verursachen. Bezüglich der Wachstumsintensität macht sich, mit erhöhtem Genanteil des Arabischen Vollbluts, bei den Körpermaßen Widerristhöhe, Kruppenhöhe, Rumpflänge, Brustumfang und Körpermasse eine Reifeverzögerung bemerkbar. So ist bei den F_1-Produkten nach dem 3. Lebensjahr ein höheres Wachstum in diesen Körpermaßen als bei den R_1- und reingezogenen Haflingern zu erwarten.

Aus züchterischer Sicht bleibt abzuleiten, daß mittels der Arabereinkreuzung die Merkmale, die die Reiteignung verbessern, in die Haflingerpopulation zu immigrieren sind. Problematisch sind die in großer Zahl ungünstigen Merkmalskombinationen, die für die Züchtungspraxis außerordentlich hohe Selektionsraten zur Folge haben. Betrachtet man F_1-Produkte als notwendige Stufe auf dem Weg zum Ziel, sind es in der 2. Generation (R_1) auch nur etwa 25 % der Produkte, die den Zuchtzielanforderungen eines Vielzweckhaflingers entsprechen. Daß nur Hengste des Arabischen Vollbluts mit auserlesener exterieurer Qualität und farblicher Paßfähigkeit bei derartigen Vorhaben zum Einsatz kommen sollten, bedarf nach vorliegender Kenntnis der besonderen Hervorhebung.

6. Frühreife Zuchtverwendungsdauer und Fruchtbarkeit

Die Frühreife des Pferdes interessiert aus der Sicht der wirtschaftlichen Verwendbarkeit und ist für die züchterische Nutzung von Bedeutung. In der Regel fallen die züchterische und wirtschaftliche Nutzbarkeit zusammen. Dieser Zeitpunkt tritt bei den meisten Pferderassen nach Vollendung des dritten Lebensjahres ein, wobei kaltblütige Schläge eine frühere, die warmblütigen Schläge mit zunehmendem Veredlungsgrad eine spätere Reife erkennen lassen. Die Fortpflanzungsfähigkeit und

Fortpflanzungsbereitschaft tritt jedoch weitaus früher ein, und nicht selten sind Paarungen im zweiten Lebensjahr bereits erfolgreich. Eine solche Praxis führt aber zu irreversiblen Schädigungen des weiblichen Organismus, da ein bestimmter Reifegrad, d. h. Wachstums- und Entwicklungsabschluß bei der Zuchtverwendung erreicht sein sollte. Besonders gut entwickelte und zum Größenwuchs neigende Tiere können unter Umständen bereits im Alter von 27 Monaten mit gutem Erfolg bedeckt werden. Allgemein ist zu beobachten, daß spätreife Typen eine längere, frühreife Typen eine kürzere Zuchtverwendungsdauer haben.

Der Haflinger wird meist zur Gruppe der spätreifen Rassen gezählt, wobei die Spätreife mit dem arabischen Blutanteil begründet wird. In der Vergangenheit wurden im österreichischen Heimatzuchtgebiet die Stuten meist auch erst mit vier Jahren gedeckt, so daß der Eindruck einer biologischen Spätreife entstehen mußte. Diese Erscheinung ist aber auf die oft ernährungsbedingte, ungenügende Entwicklung der Fohlen während der Wintermonate zurückzuführen. Da die Sommerweidehaltung auf der Alm relativ billig war, wurden die Tiere während der Wintermonate meist an der unteren Grenze ihrer biologischen Entwicklungsfähigkeit gehalten. Dadurch trat eine umweltbedingte Verlängerung des Aufzuchtzeitraumes ein. Während der Weideperiode konnte der Entwicklungsausgleich wieder geschaffen werden, doch führte diese Aufzuchtverlängerung sehr leicht zur Annahme eines genetisch bedingt verlängerten Wachstums. Da beim Almabtrieb im September/Oktober keine Hengste mehr zur Verfügung standen und Herbstfohlen in der Haltung sehr teuer würden, erfolgte die Bedeckung erst im nächsten Frühjahr, d. h. mit vier Jahren. Die wirtschaftliche Nutzung begann somit im Alter von 3,5, die züchterische erst mit vier Jahren. Hierfür können jedoch keine biologisch genetischen, sondern ausschließlich wirtschaftliche Gegebenheiten verantwortlich gemacht werden. Die gegenwärtige Situation im Heimatzuchtgebiet Österreich hat sich dahingehend geändert, daß die Züchter jetzt auch ihre Stuten der Zucht im Alter von drei Jahren zuführen und somit diese umweltbedingte Spätreife nicht mehr in Erscheinung tritt.

Langjährigen und internationalen Erfahrungen folgend, ist das Haflinger Pferd bei landesüblicher Haltung und Fütterung in der Frühreife den anderen Pferderassen ebenbürtig. Die Fortpflanzungsbereitschaft tritt bereits bei den Jährlingen ein, so daß die Kastration im Jährlingsstadium erfolgen sollte. Welche Folgen bei der Annahme, der Haflinger sei im 2. Lebensjahr noch nicht fortpflanzungsfähig, eintreten können, sei an einem Beispiel bewiesen. Drei Fohlen, darunter zwei Hengstfohlen des Jahrganges 1961, wurden im Sommer 1962 gemeinsam geweidet. Dabei zeigte sich, daß die Hengstfohlen in bestimmten Zeitabständen an dem Stutfohlen besonderes Interesse hatten und mitunter auch aufsprangen. In der Annahme es sei „Spielerei", blieben die Fohlen bis zum Herbst zusammen. Im nächsten Frühjahr zeigte das Stutfohlen, inzwischen zweijährig, eine starke Rumpfzunahme, und die tierärztliche Untersuchung stellte den Zustand der Trächtigkeit fest. Die Stute fohlte im Alter von 28 Monaten ab, und gebar ein 42 kg schweres, normal entwickeltes und vitales Fohlen. Die in diesem Zusammenhang interessierenden Daten sind in der Tabelle 34 zusammengestellt. Mit Ausnahme der Stagnation im Größenwuchs und der Verbleib unter dem Normalmaß sind anderweitige Schädigungen nicht eingetreten. Beim Fohlen ergaben sich keinerlei Unterschiede.

Die Tatsache, daß eine Haflinger Stute mit 17 Monaten konzeptionsfähig und

Tabelle 34. Maße und Entwicklung der vorzeitig gedeckten Stute und des aus der Bedeckung gefallenen Fohlens

Zeitpunkt	Maße der Stute und des Fohlens (in cm und kg)				Maße von gleichaltrigen Vergleichstuten und Fohlen			
	WH	BU	Rö	KM	WH	BU	Rö	KM
1. Maße z. Z. der Bedeckung im Alter von 17 Monaten	131	155	18	332	130	160	18,7	339,2
2. Maße z. Z. der Abfohlung im Alter von 28 Monaten	132	180	19	422	136	179	19,5	437,5
3. Maße mit 3 Jahren	132	176	19	402	137	181	19,5	435,4
4. Maße des Fohlens:								
bei der Geburt	88	79	11	42	87	77,5	11,9	42,1
im Alter von 8 Monaten	118	125	16	190	119,9	137,8	16,5	222,0

Haflinger Hengstfohlen bereits mit 16 Monaten zeugungsfähig sind, widerlegt alle Feststellungen bezüglich der zuchtbiologischen Spätreife dieser Rasse. Sie bestätigt die bereits getroffene Feststellung, daß der Haflinger unter gleichen Umweltbedingungen eine dem Großpferd ebenbürtige wachstumsbiologische wie geschlechtsphysiologische Frühreife aufweist. Seine züchterische wie auch wirtschaftliche Nutzbarkeit erreicht er mit Vollendung des dritten Lebensjahres

Ein weiterer Beweis ist auch die generelle Deckverwendung dreijähriger Hengste. Während früher die Haflinger Hengste des österreichischen Zuchtgebietes erst im Alter von vier Jahren zur Bedeckung herangezogen wurden, kommen sie heute bereits im Alter von drei Jahren zum Einsatz. Die geregelte optimale Aufzucht in den Aufzuchthöfen läßt, wie in anderen futterwirtschaftlich gut gestellten Nachzuchtgebieten, den erforderlichen Reifegrad zu einem normalen Zeitpunkt eintreten. In der Tabelle 35 wird die Befruchtungsfähigkeit dreijähriger Hengste mit älteren Vatertieren und die Konzeptionsfähigkeit dreijähriger Stuten mit älteren Stuten verglichen.

Neben einer geschlechtsphysiologischen befriedigenden Frühreife zeichnet sich

Tabelle 35. Befruchtungsfähigkeit und Konzeption 3jähriger Haflinger im Vergleich zu älteren Zuchttieren

Geschlecht	Untersuchungsjahr	Befruchtung bzw. Konzeption 3jährig		Befruchtung bzw. Konzeption älterer Tiere	
		Tierzahl	%	Tierzahl	%
Hengste	1962	9	71,1	8	74,3
Hengste	1984	7	85,0	40	72,0
Stuten	1962	48	70,2	173	72,8
Stuten	1984	97	85,6	544	83,8

Tabelle 36. Zuchtleistung der Haflinger Altstuten-Landesausstellung Innsbruck 1961 sowie DDR-Altstuten 1982

	DDR 1982	Innsbruck 1961		
Altersklasse	20–23 Jahre	20–23 Jahre	24–26 Jahre	27–30 Jahre
Zahl der Stuten	27	10	9	2
∅ Belegung	17,4	14,7	17,7	19,5
	(13–21)	(11–17)	(14–22)	(18–21)
∅ geborene Fohlen	13,2	11,3	12,7	14,0
	(9–20)	(9–16)	(10–18)	(11–19)

das Haflinger Pferd gegenüber anderen Rassen durch eine besonders lange Zuchtverwendungsdauer aus. Stuten, die mit mehr als 20 Jahren noch zur Abfohlung kommen, und Deckhengste, die über 20 Jahre alt sind und im Zuchteinsatz stehen, sind keine Seltenheit. Welcher – in der Pferdezucht wohl kaum zu überbietende – Höchststand erreicht worden ist, zeigten die 2. Haflinger Landesausstellung in Innsbruck 1961 sowie die 1982 noch zum aktiven Zuchtbestand der DDR gehörenden Altstuten. In der Tabelle 36 sind die erbrachten Zuchtleistungen von 21 österreichischen und 27 DDR-Altstuten wiedergegeben. Diese Zuchtleistungen sprechen für sich. Solche Stuten wie „524/T Paloma-Gretl", die nach 21 Belegungen 19mal, oder „1622/T Cassiana", die nach 17 Belegungen 16mal, sowie „Betty H 17", die nach 20 Belegungen 19mal abfohlten, haben wohl kaum zu überbietende Zuchtleistungen aufzuweisen.

Neben der außerordentlich hohen Zuchtverwendungsdauer des Haflingers ist eine hohe Fruchtbarkeit bekannt. In Tabelle 37 sind Ergebnisse aus Tirol (Schweisgut 1980) und aus der DDR zusammengestellt. Dabei bleibt zu prüfen, inwieweit diese Fruchtbarkeit eine Rasseeigentümlichkeit darstellt oder unter geänderten Umweltbedingungen verloren geht. Hierbei muß berücksichtigt werden, inwieweit der bei Umstellungen übliche Akklimatisationsprozeß abgeschlossen ist. Es bietet sich somit an, die Fruchtbarkeit als Prüfstein der Akklimatisation zu verwenden. Welche Werte ermittelt wurden, wird in Tabelle 38 aufgezeigt.

Zunächst ist festzustellen, daß die Fruchtbarkeit der Importstuten sich im Rahmen der Werte des Originalzuchtgebietes bewegt. Die bodenständig gezogenen Stuten zeigen eine gewisse Überlegenheit, die jedoch nicht statistisch gesichert ist.

Bezüglich der Akklimatisation zeigt sich im zweiten Jahr nach dem Import eine gewisse Depression, die mit der Umstellung in Verbindung stehen kann. In den fol-

Tabelle 37. Fruchtbarkeitsergebnisse der Haflinger im Zuchtgebiet Tirol und in der DDR ($\bar{x}$)

Gebiet	Belegungen Zahl	Abfohlungen Zahl	lebende Fohlen Zahl	Abfohlrate %	lebende Fohlen %
Tirol	2878	2131	1958	74,0	91,9
DDR	641	527	516	82,2	97,9

Tabelle 38. Fruchtbarkeit der Haflinger Stuten unter Berücksichtigung der Akklimatisation

Bedeckung nach Import	gedeckte Stuten	davon tragend		Rosse intervalle bis Trächtigkeit
		absolut	relativ	
1. Jahr	40	33	82,5	1,4
2. Jahr	39	24	61,5	1,2
3. Jahr	37	28	75,7	1,3
4. Jahr	23	21	91,3	1,4
5. Jahr	10	9	90,0	1,2
6. Jahr	8	6	75,0	1,6
gesamt bedeckte Importstuten	158	121	76,6	1,3
bodenständige Stuten (1962)	48	41	85,4	1,2
bodenständige Stuten (1982)	641	539	84,1	–

genden Jahren ist eine normale Fruchtbarkeit zu beobachten, die den Haflinger als sehr anpassungsfähig kennzeichnet.

Allgemein kann geschlußfolgert werden, daß der Haflinger überdurchschnittlich fruchtbar ist. Bei aufmerksamer Verfolgung des Fortpflanzungsgeschehens, Beobachtung der Rosse und termingerechter Bedeckung kann eine 80 %ige Befruchtung ohne Schwierigkeiten erreicht werden, was mit den Werten der Tabelle 38 auch dokumentiert wird.

7. Leistungsfähigkeit und Verwendung des Haflingers

7.1. Anforderungen an Kleinpferde mit der Eignung für vielseitige Verwendungsmöglichkeiten

Pferdezucht und Pferdehaltung sind am Verwendungszweck, an Inhalt und Form der Nutzung des Pferdes orientiert. Dies trifft für alle Pferderassen gleichermaßen zu und ist auch für das Haflinger Pferd uneingeschränkt gültig.

Mittels der Rassenzucht ist es gelungen, Typen und Modelle zu schaffen, die mit zweckentsprechender Merkmalsprägung für die verschiedenen Nutzungsbereiche besonders geeignet sind. Sowohl interieure als auch exterieure Merkmale und Eigenschaften prägen diese betonte Eignung für bestimmte Leistungsbereiche. So existieren heute nicht nur Rassen, in denen ein bestimmtes Merkmals- bzw. Leistungsspektrum genetisch verankert und phänotypisch ausgeprägt ist, sondern ganze Rassengruppen mit starker Merkmalsnuancierung zwischen den Rassen. Typische Beispiele hierfür liefern die Rassengruppen der Zug- oder Schwerlastpferde, der Reitpferde, der Rennpferde, der Reitponys oder auch der Freizeit- und Robustpferde.

In allen Fällen ist die Ähnlichkeit der Populationen innerhalb solcher Rassengruppen größer als zwischen diesen. Die populationsbezogenen Unterschiede in den Rassengruppen sind hochgradig merkmals- und leistungsorientiert, so daß Einheitlichkeit und Differenziertheit im Selektions- und Zuchtprozeß voll wirksam sind. So müssen z. B. alle Vertreter der Reitpferderassen neben bestimmten exterieuren Eigenschaften, wie Größe, Linienführung, Sattellage usw. ein bestimmtes Maß an Härte, Nerv, Mechanik oder Rittigkeit und Dressureignung aufweisen. Ob sie darauf basierend stärker auf die Eignung als Dressur-, Spring- oder Vielseitigkeitspferd gezüchtet, selektiert und trainiert werden, fällt in den Bereich der Spezialisierung. Ausgesprochene Spezialrassen sind demzufolge auch nur nach einem Merkmal selektiert. Alle anderen Merkmalsprägungen ergeben sich in dem Fall aus dem Bestehen genetischer Korrelationen zwischen den Merkmalen. Als solche, in hohem Maße auf nur einen Verwendungszweck selektierte Rassen, sind das Englische Vollblut für die Galopprennen und die Traber für die Trabrennen anzusehen. Es sind die „extremen Spezialisten“ unter den Pferden.

Der Haflinger wird heute als Vielzweck-Kleinpferd gezüchtet. In diesem Begriff, der einerseits auf eine vielseitige Nutzbarkeit ausgerichtet ist und andererseits die Größe, das Widerristmaß und den Rahmen in einem abgegrenzten Bereich festlegt, sind bereits mehrere Merkmalskomplexe enthalten.

Die komplexe Eignung wird in den europäischen Ländern für den Haflinger in der vordergründigen Verwendung als Freizeitpferd gesehen. Die Interpretation des Begriffes läßt eine außerordentliche Vielschichtigkeit zu. Sie reicht von der alleinigen Befriedigung ideeller Bedürfnisse mit der ausschließlichen Motivation des Besitzes oder der Repräsentation, bis hin zu hohen Leistungsanforderungen in Form der Eignung für Wanderritte und Reitjagden oder auch der Teilnahme an Reit- und Fahrturnieren. Die Palette der Anforderungen ist demzufolge groß.

Bezüglich des Interieurs darf es bei Freizeitpferden keinen Tadel am Charakter geben. Sie müssen gutmütig und zutraulich sein. Eine gewisse Ausgewogenheit von Phlegma und Temperament zugleich sind unabdingbare Voraussetzung einer vielseitig gestalteten Freizeitnutzung, die durch die Forderung nach nervlicher Stabilität nachhaltig unterstrichen wird.

Gleichzeitig müssen diese Pferde aber auch über ausgezeichnete konstitutionelle Eigenschaften verfügen. Sie sollen hart, widerstandsfähig, gesund und möglichst anspruchslos gegenüber Betreuung, einschließlich Hufpflege und -beschlag, den Haltungsbedingungen und der Fütterung sein. Dieses hohe Maß an konstitutionellen Anforderungen wird ergänzt durch die zeitweilige Überbelastbarkeit und schnelles Regenerationsvermögen. Nicht selten wird verlangt, daß eine Vielzweck-Kleinpferderasse sich mit den einfachen Haltungs- und Ernährungsbedingungen von Robustpferden begnügt, gleichzeitig aber auch über alle Voraussetzungen verfügt, in den Kreis der „Kulturrassen“, mit einer dem Rechnung tragenden Ausprägung des Adels, einem ansprechenden Äußeren und einer gewissen Erhabenheit in den Bewegungen, eingeordnet zu werden. Hinzu kommen Forderungen nach einer großen Gelehrigkeit und Leistungsbereitschaft.

Der Anforderungskomplex phänotypischer Merkmale und exterieurer Werte wird zunächst durch die festgeschriebene Maximalgröße des internationalen Höchstmaßes für Ponyrassen von 147,3 cm beeinflußt. Dieses dürfte jedoch kein Handicap sein, da nur bei Begrenzung der Größe eine Reihe wertvoller Kleinpferdeigenschaften

Abb. 60. Stuten als Tragtiere im Heimatzuchtgebiet Ötztal

Abb. 61. Den Einsatzmöglichkeiten des Haflingers sind wenig Grenzen gesetzt

Abb. 62. Im schwierigen Gelände ist der Haflinger ein treuer Begleiter des Jägers

Abb. 63. Als Hirtenpferd in Süditalien

Abb. 64. Haflinger werden in die ganze Welt exportiert, so per Schiff auch nach Amerika

Abb. 65. Nach der Trainingsarbeit empfinden die Hengste den Ritt ins Wasser als angenehme Abkühlung; Hengste im VE Hengstdepot Moritzburg

Abb. 66. Trotz moderner Technik findet der Haflinger in der individuellen Wirtschaft, z. B. beim Heuwenden, bis heute noch Verwendung

Abb. 67. In Italien wird der Haflinger außer zu wirtschaftlichen Belangen auch zur Repräsentation genutzt; Hengste im Viererzug in Neapel

Abb. 68. Auch auf der Beschälstation zeigt der Haflinger Hengst einen ausgezeichneten Charakter

Abb. 69 u. 70. Optimale Aufzucht und Landschaftspflege sind im schwierigen Gelände gut miteinander zu verbinden

Abb. 71 u. 72. Zuchtschauen bilden einen wesentlichen Bestandteil der Zuchtarbeit, auf denen sich die Züchter über das qualitative Niveau des Zuchtmaterials informieren können, oben Hengste auf dem Ring in Niederösterreich, unten Vorstellung des Hengstes „Albanus 64" auf einer Schau im Erzgebirge

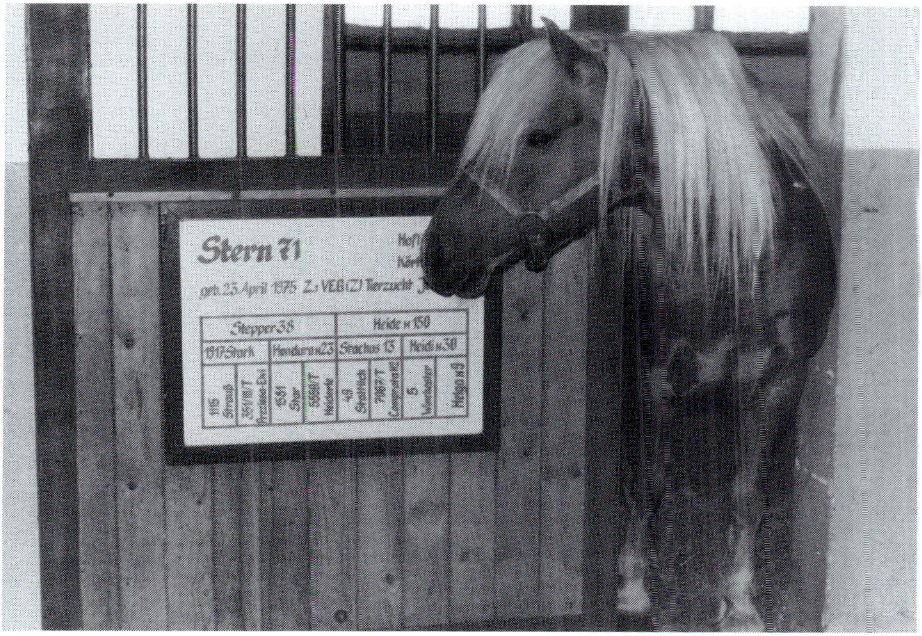

Abb. 73 u. 74. Eine ordnungsgemäße Unterbringung der Zuchttiere sowohl zu Hause als auch zu Schauveranstaltungen ist eine Notwendigkeit

Abb. 75 u. 76. Pferdeleistungsschauen, wie hier im erzgebirgischen Lengefeld, erfreuen sich zunehmender Beliebtheit

Abb. 77. Wettkampfmäßig durchgeführte Fahrwettbewerbe bilden dabei einen Höhepunkt

Abb. 78. Eine besondere Attraktion stellt das Schaubild der Postkutsche dar; beeindruckend ist die Ausgeglichenheit und die Harmonie des 10-Spänners

Abb. 79 u. 80. Bei der Vorstellung im Sulky zeigen die Haflinger überzeugend ihren Raumgriff Schritt und Trab

Abb. 81 u. 82. Die Vorstellung des Haflingers im ehemals landwirtschaftlichen Einsatz soll den Zuschauern einen Eindruck von der Schwere der Arbeit vermitteln

Abb. 83. Ungarische Post – „Nervenkitzel“ für Darsteller und Zuschauer

Abb. 84. Die reiterliche Nutzung des Pferdes lag in der Geschichte vornehmlich auf militärischem Gebiet, wie hier in historischen Schaubildern demonstriert

Abb. 85. Wendigkeit, Antrittsvermögen und Reaktionsschnelligkeit werden bei Reitspielen in hohem Maße abverlangt

Abb. 86 u. 87. Für Kinder ist der Haflinger ein ideales Freizeitpferd, das Voltigieren dient der ersten sportlichen Kontaktnahme mit dem Pferd; Kinder beim Voltigieren in Innsbruck

zu erhalten ist. Die vielseitige Verwendung als Freizeitpferd setzt aber der Variabilität des Widerristmaßes nach unten bestimmte Grenzen. So fordert die Nutzung unter dem Reiter oder auch im Fahr-Turniersport bei der Zielstellung auf Erfolg gewisse Mindestmaße, die in der Regel nicht unter 135 cm Widerristhöhe liegen.

Die Palette der Anforderungen setzt sich fort mit einer Reihe von Modell- und Exterieurwerten, die sich auf die Verwendbarkeit und Leistungsfähigkeit positiv auswirken. So wird im Interesse der Reiteignung ein weiter Kehlbogen im Übergang vom Kopf zum Hals mit einer sogenannten großen Ganaschenfreiheit gefordert. Der Hals soll möglichst lang und konvex geformt sein und der Widerrist im Interesse einer guten Sattellage deutlich hervortreten und genügend lang in den Rücken reichen. Bei den kleinen Pferden muß der Rücken genügend lang und elastisch sein, um dem Reiter den erforderlichen Platz und einen federnden Sitz zu bieten. Da das zu tragende Gewicht im Verhältnis zur eigenen Körpermasse relativ hoch ist, muß großer Wert auf Gesamtproportionalität, Bemuskelung und Korrektheit im Aufbau des Fundaments gelegt werden. Die Erhaltung einer Mindestmasse an Substanz ist dabei unumgänglich.

Körpermasse und Substanz werden auch bei der Verwendung vor dem Wagen benötigt. Neben dem Fahr-Turniersport sind es alle Nutzungsformen der Freizeitbeschäftigung, die den Einsatz als Zugpferd zum Inhalt haben. Das Wandern mit Pferd und Wagen, die Fahrtouristik oder auch der gewerbliche Personentransport in Feriengebieten setzen Arbeitswilligkeit und Zugleistungsvermögen voraus.

Nicht zuletzt beinhaltet der Begriff des Vielzweckpferdes die Möglichkeit der wirtschaftlichen Nutzung, wobei der Zugdienst, teilweise aber auch der Tragdienst, im Vordergrund steht. In Staaten mit bäuerlicher Agrarstruktur wird das Vielzweckkleinpferd und so der Haflinger als betriebliche Zugkraftreserve gehalten und genutzt. In der DDR liegt die wirtschaftliche Verwendung in der Erledigung von Hoftransporten, insbesondere in Versorgungsarbeiten von Anlagen der Tierproduktion. Die höchste Zuganforderung wird zweifelsfrei beim Einsatz in der Forstwirtschaft gestellt. Die Erfüllung dieser Leistungsforderung stand bereits bei der Entstehung der Haflinger Rasse an. Sie ist bis in die Gegenwart erhalten geblieben, wenngleich sie nicht in jedem Zuchtgebiet oder Zuchtland in der direkten Umsetzung zu erfüllen ist.

Die Anforderungen an ein Vielzweckkleinpferd sind, wie versucht wurde aufzuzeigen, außerordentlich umfangreich und anspruchsvoll. Auf das Haflinger Pferd bezogen, sind gegenüber der ursprünglichen Verwendung als Zug- und Tragpferd des Bergbauern, als trittsicheres Säumerpferd, eine ganze Reihe neuer Anforderungen hinzugekommen. Der Züchtungs- und Selektionsprozeß ist dadurch nicht einfacher, er ist weitaus komplizierter geworden. Wenn das Haflinger Pferd diesen außerordentlich vielfältigen Anforderungen genügen kann, so liegt letztendlich die Begründung in seiner Urtümlichkeit, in seiner hohen genetischen Potenz und Anpassungsfähigkeit.

7.2. Einsatzgebiete und Leistungen des Haflingers in der Freizeitgestaltung und im Sport

Für das Haflinger Pferd sind im Freizeitsektor die Einsatzgebiete breit gefächert. Sie ergeben sich aus seiner vorzüglichen Charakterprägung, aus seiner Ehrlichkeit und seinem guten Temperament. Diese Eigenschaften sind gepaart mit großer Gelehrigkeit und Anpassungsfähigkeit, einer ausgeprägten Leistungsbereitschaft und hoher Leistungsfähigkeit. Im weiteren kommt dieser Rasse zugute, daß sie durch Typ, Rahmen und Modell einem Großteil der Anforderungen Rechnung zu tragen in der Lage ist. Gleichzeitig liegt die erforderliche Variabilität in der Population vor, um über die individuelle Auswahl das für den Verwendungszweck geeignete Pferd zu finden. Darüber hinaus sind die Pferde ausgesprochen schön, eine Eigenschaft, die im menschlichen Luxusbereich von gravierender Bedeutung ist.

Die Begründung des Merkmals- und Leistungsspektrums des Haflinger Pferdes läßt sich bis an den Anfang der Geschichtsschreibung dieser Rasse zurückverfolgen. Die Lebensbedingungen der Pferde, die für diese Rasse den Ursprung bildeten, waren von der Armut des Tiroler Bergbauern des 19. Jahrhunderts geprägt. In mehr als 200 Stallfuttertagen mußte das Pferd auch von dem Futterstock mit leben, von dem sich die wiederkäuenden und gegenüber dem Nährstoffangebot genügsameren Rinder ernährten. Bereits dieser Faktor begrenzte den Größenwuchs, zumal auch während der Vegetationszeit nur Gras vom Berg, den Almen und Waldwiesen zur Verfügung stand. Hafer, Getreideschrote und Brotabfälle aus der Küche stellten Besonderheiten dar und die erstgenannten wurden nur bei schwerer Arbeit, beim Holz rücken und Holz transportieren gereicht. Diese Bedingungen machten ihn schon entstehungsgeschichtlich zum Rauhfutterkonsumenten und erzogen ihn zur Genügsamkeit, so daß er ein hervorragender Futterverwerter wurde. Diese Eigenschaften haben die Haflinger Pferde bis in die Gegenwart beibehalten. Sie sind über viele Generationen genetisch manifestiert.

In gleicher Weise entstehungsgeschichtlich wirksam ist die Einzelhaltung der Haflinger gewesen. Auf dem Bergbauernhof wurde in der Regel nur ein Pferd gehalten. Demzufolge mußte es absolut zuverlässig in seiner Leistungsfähigkeit sein und wenn es notwendig war, zumindest über kurze Zeitspannen weitaus mehr leisten, als es die Physis des Pferdes normalerweise zuläßt. Ein Warten auf Vorspann oder das Nichtbezwingen unwegsamen Geländes konnte es nicht geben, zumal die Nichterfüllung der Leistungsanforderung mit der Konsequenz der Abgabe bzw. mit dem Ausschluß aus dem Reproduktionsprozeß verbunden war. So entstanden mittels der Selektion auf Verläßlichkeit und Brauchbarkeit hochleistungsfähige, gelände- und trittsichere Pferde. Die Einzelhaltung und damit auch die Sonderstellung auf dem Bergbauernhof hatte sicherlich auch einen sehr engen menschlichen Kontakt zur Folge, der durch gemeinsame Arbeit, durch die gemeinsame Lösung von Transportvorhaben zur Unumgänglichkeit wurde. Pferde mit Mängeln im Charakter, mit ungenügender Gelehrigkeit und unzureichendem Anpassungsvermögen waren unter diesen Bedingungen nicht gefragt.

So kamen schließlich nur solche Pferde zur Fortpflanzung und Vermehrung, die allen Anforderungen entsprachen und unter diesen, aus heutiger Sicht keinesfalls optimalen Bedingungen mit karger Ernährung, langer Winterhaltung in dunklen dumpfigen Ställen und hohen Leistungsanforderungen ihre Fortpflanzungsfähigkeit beibehielten.

Von den Bedingungen und Anforderungen in starkem Umfang geprägt, stand am Beginn der Rassenzucht eine Pferdegruppe mit Merkmalsähnlichkeit, vielleicht ein „Landschlag“ zur Verfügung, der der Züchtung eine gute Basis für die Entwicklung einer Merkmalspopulation, einer Rasse lieferte.

Mittels der gezielten Selektion wurden die interieuren und exterieuren Eigenschaften bis hin zur Farbe vereinheitlicht. Eine strenge Berücksichtigung von Abstammung und Genealogie sicherte die Wiederkehr erwünschter Merkmale in den Folgegenerationen, so daß heute Erbtreue und genetische Konsolidierung in hohem Maße vorhanden sind.

Die Anforderungen an die Leistungsfähigkeit des Haflingers im Bereich der Freizeitgestaltung sind sehr differenziert. Jedoch zeigt sich bei der Betrachtung der Vielfältigkeit der Einsatzgebiete immer wieder das große Anpassungsvermögen dieses Pferdes. Speziell beim Freizeitreiten und beim Wandern zu Pferde werden die unterschiedlichsten Belastungen, denen der Haflinger ausgesetzt ist, sichtbar. Oftmals besitzen die Freizeitreiter keine reiterlichen Qualifikationen; aus diesem Grunde bedient man sich besonders gern des Haflingers, bzw. die Pferde sind einem ständigen Reiterwechsel in kürzeren oder längeren Zeitabständen unterworfen. Zum anderen spielt die physische Belastung in Form des getragenen Gewichtes (Reiter und Sattel), des zu überwindenden Zugwiderstandes und der täglichen oder saisonbedingten Arbeitsleistung eine wesentliche Rolle. Um in den Bereichen der Reit- und Fahrtouristik konkrete Angaben zur Arbeitsbelastung zu erhalten, analysierte Deparade (1977) den Einsatz von Haflinger Zuchtstuten in zwei Touristikstationen des Thüringer Waldes. Im nachfolgenden sollen die wesentlichsten Ergebnisse wiedergegeben werden.

Erwartungsgemäß erfüllten alle 16 Stuten die Leistungsanforderungen ohne Probleme und stellten ihren sprichwörtlichen Arbeitswillen unter Beweis. Hauptsächlich einstündig durchgeführte Geländeritte bedingten täglich einen mehrmaligen Reiterwechsel. Dadurch traten für die Reittouristikpferde unterschiedliche Belastungen auf. Zum einen äußerten sich diese in veränderten Reitergewichten, zum anderen ist je nach Ausbildungsstand die Einflußnahme des Reiters auf das Pferd sehr differenziert. Hinzu kommt, daß speziell in den Ferien, also in der Saison, viele Kinder und Jugendliche diese Möglichkeit der Urlaubs- und Freizeitgestaltung nutzen. Dementsprechend trat auch eine große Variation in den zu tragenden Reitergewichten auf, die von 38 kg bis 109 kg reichten. In der Tabelle 39 ist der prozentuale Anteil der unterschiedlichen Gewichtsklassen aufgezeigt. Die Stuten hatten eine durchschnittliche Last von 77 kg zu tragen, womit sie bei weitem das Dauerleistungsvermögen des Haflingers nicht erreicht haben.

Ein Vergleich mit den Anforderungen von Thurner (1943), der von 3jährigen

Tabelle 39. Prozentualer Anteil der Reitergewichtsklassen

Reitergewichtsklasse (kg) (einschließlich Sattel)	prozentualer Anteil
38– 50	2,60
51– 60	7,98
61– 70	24,55
71– 80	30,54
81– 90	20,36
91–100	10,78
101–110	3,19

Stuten 110 kg, von 4jährigen 130 kg und von 5- bis 7jährigen Stuten 150 kg Belastbarkeit verlangte, um das Dauerleistungsvermögen auszuschöpfen, unterstreicht diese Aussage. Demzufolge kann auch in keiner Weise von einer Überlastung der Pferde gesprochen werden. Vielmehr verdeutlichen diese Ergebnisse, daß der Haflinger durch seinen sehr guten Charakter, seine Umgänglichkeit und Willigkeit und seine außerordentliche Nervenstärke als Reittouristikpferd sehr gut geeignet ist.

Bei näherer Betrachtung der Arbeitsbelastung in der Fahrtouristik wird ein ähnliches Bild wie in der Reittouristik sichtbar. Interessant ist dabei, daß es sich bei den 5 untersuchten Haflinger Gespannen hauptsächlich um tragende Stuten handelte. Sie hatten jeweils im Gespann eine schwere sechssitzige Kutsche zu ziehen und überwanden im Durchschnitt einen Zugwiderstand von 58 kp. Wie sich die einzelnen Zugwiderstandsgruppen prozentual verteilen, ist der Tabelle 40 zu entnehmen. Auch hier ist deutlich erkennbar, daß die Dauerbelastungsgrenze des Haflingers im Gespannzug von 180 kp (Schwark 1961) zu 99 % nicht ausgeschöpft wurde. Bei lediglich 0,10 % ist ein Überschreiten dieser Grenze festzustellen.

Da es dem Urlauber in erster Linie darum geht, in der Kutsche die Schönheiten der Landschaft zu bewundern als durch eine schnelle Fahrt zum vorgegebenen Ziel zu gelangen, legten die Stuten den Hauptteil der Fahrstrecke (85 %) im Schritt zurück. Trotz erhöhter täglicher Einsatzzeiten in der Hauptsaison befanden sich die Fahrpferde in einer guten Kondition. Die aufgeführten Ergebnisse unterstreichen die Eignung des Haflingers für die Fahrtouristik. In Abhängigkeit von den natürlichen Gegebenheiten, in denen sich die Fahrtouristikstationen befinden, sind die anfallenden relativ geringen Zugwiderstände von Haflingern ohne weiteres zu bewältigen. Dabei sind kurzzeitige Überbelastungen (bis 110 % der Körpermasse) möglich, so daß sich auch daraus keine Schwierigkeiten für die Haflinger Gespanne ergeben.

Bei einem Vergleich verschiedener Kleinpferderassen stellte Hesse (1956) fest, daß das Haflinger Pferd in der Gängigkeit vor der Kutsche dem Islandpony und dem Norwegischen Fjordpferd überlegen ist, was seine Eignung als Fahrpferd nochmals hervorhebt.

Diese mit relativer Objektivität ermittelten Daten der Belastung in der Reit- und Fahrtouristik werden durch eine Vielzahl von Informationen aus verschiedenen Ländern, zur Nutzung des Haflingers für diesen Zweck, ergänzt. So existieren in Schottland Trekking-Zentren, in denen ausschließlich Haflinger verwendet werden. Aus den Bundesländern Österreichs und der BRD liegen Informationen vor, wonach

Tabelle 40. Prozentuale Verteilung der Zugwiderstandsgruppen

Zugwiderstandsgruppe (kp)	Prozentualer Anteil
0– 50	50,00
50–100	39,00
100–150	10,00
150–200	0,90
200–250	0,07
250–300	0,03

Freizeitfahrertreffen mit ausgedehnten Kutschfahrten, Sternfahrten mit Zwei- und Vierspännern vor Planwagen oder auch Kutschenkorsos zur Durchführung kommen. In Hessen beteiligten sich 13 Gespanne vom Ein- bis Vierspänner über 25 km an einer solchen Fahrt. Großer Beliebtheit erfreuen sich Mehrtagesfahrten mit Haflinger Pferden, die zugleich von Reitern eskortiert werden. So wird aus Baden-Württemberg von einer 150-km-Wanderung per Pferd und Wagen berichtet. Die reizvolle Berglandschaft der Pyrenäen und der Alpen nutzend, werden auch in Frankreich und Italien Wanderritte bis in Höhenlagen von 2700 m durchgeführt. Längs des Rennsteiges im Thüringer Wald und quer durch den Harz wurden in den zurückliegenden Jahren ähnliche Wanderungen organisiert.

In den westeuropäischen Ländern ist die Verwendung des Haflingers für die Freizeitreiterei auf der Vereinsbasis und auf gewerblicher Grundlage verbreitet. Je nach Jahreszeit und Interessenlage finden ein- oder mehrtätige Wanderritte statt. Speziell in der BRD, im Rheinland, stehen alljährlich die Herbstjagden auf der Tagesordnung, die in der Gruppe der Kleinpferde im zunehmendem Maße mit Haflingern bestritten werden.

Eine Besonderheit stellen sicherlich Distanzritte mit Haflingern bzw. auch mit anderen Kleinpferden dar. In Niedersachsen konnten für zwei Haflinger Ehrenurkunden ausgestellt werden, da sie über 1000 km wettkampfmäßig zurückgelegt hatten.

Zur Freizeitgestaltung gehören auch Skijöring und Schlittenrennen, die speziell in den skandinavischen Ländern beheimatet sind. Im Jahre 1979 gestaltete man diese Attraktionen in Hessen erstmalig mit Haflingern. Seit dieser Zeit bilden sie jährlich Höhepunkte des winterlich-sportlichen Geschehens. Der Jahreszeit entsprechend und zur Tradition geworden sind das Neujahrsspringen im Rheinland und in Weser-Ems.

Der Reiterurlaub, eine der Formen aktiver sportlicher Erholung, erfreut sich besonders bei Kindern und Jugendlichen zunehmender Beliebtheit. Hier hat der Haflinger, oftmals als erster Kontakt zum Pferd, seine Feuerprobe ausgezeichnet bestanden. Ausbildungskurse in Reithallen und Ausritte in die Natur stellen dabei ein ausgewogenes Verhältnis dar.

Ein seit mehreren Jahren beschrittener Weg, um die vielfältige Verwendung des Haflingers in anschaulicher Weise zu demonstrieren, ist die Durchführung von Haflinger- bzw. Kleinpferdschauen. Sie setzen sich meist aus einem züchterischen und einem kulturell-sportlichen Programm zusammen und tragen diesem Anliegen am besten Rechnung. Zu den größten und bekanntesten Schauen in der DDR zählen zweifellos die im zweijährigen Turnus zur Durchführung kommenden Lengefelder Haflingerschauen des Erzgebirges. So werden in den verschiedensten Schaubildern die Haflinger in Dressur-, Spring- oder Fahrquadrillen, in den unterschiedlichen Anspannungsformen, vom Einspänner, über Tandem, Random bis zum Zehnspänner, im Freispringen, mit der Ungarischen Post sowie bei Reiterspielen u. a. Übungen vorgestellt. Dabei gewinnt das Voltigieren, bei dem die jüngsten Pferdeliebhaber ihr Können unter Beweis stellen, immer mehr an Popularität. Der kulturell-sportliche Teil der Schauen hat in jüngster Zeit durch die Organisation von Turnierveranstaltungen eine sehr sinnvolle Ergänzung erfahren. Sie bieten somit sowohl dem Züchter als auch Pferdefreund die Möglichkeit, die vorgestellten Zuchttiere in den verschiedenen Prüfungen zu sehen und entsprechend zu bewerten.

Die aufgeführten Ergebnisse unterstreichen die ausgezeichnete Eignung des

Haflingers als Freizeit- und Touristikpferd, vor allem die Beliebtheit bei Kindern und Jugendlichen. Neben diesen Nutzungsmöglichkeiten nimmt in den letzten Jahren, speziell seit Ende der 70er Jahre, auch die Verwendung im Kleinpferdeturniersport zu. Mit der Züchtung des Haflingers zum Vielseitigkeitskleinpferd dürfte die Wettbewerbsfähigkeit gegenüber anderen Kleinpferderassen im Turniersport gegeben sein.

In den verschiedenen Haflinger züchtenden Ländern werden spezielle Haflinger-Turniere ausgeschrieben. Darüber hinaus können Haflinger zu Kleinpferdeturnieren gemeldet werden. Diese Praxis wird in der BRD, Österreich, der Schweiz, Belgien und England geübt. Die Kleinpferdekonkurrenz ist dabei sehr stark und besteht im Reitturniersport insbesondere in den englischen Reitponyrassen. Ihre Leistungsfähigkeit bewiesen die Haflinger in der BRD, indem sie Siege und Plazierungen in den Disziplinen Dressur, Springen und Vielseitigkeit bei einer Teilnahme von Welshponys, Deutschen Reitponys, Fjordpferden und Isländern erringen konnten. Ein weiteres Beispiel ist der Haflinger Wallach „Nico" (BRD), der in den Jahren von 1978 bis 1981 als Turnierpferd erfolgreich war und sich siegreich gegen eine starke Kleinpferdekonkurrenz im sogenannten „Stilspringen" durchsetzte. Im weiteren konnte er sich mehrmals in A- und L-Dressuren plazieren.

Diese Darstellung läßt sich mit Ergebnissen aus Österreich und der DDR fortsetzen. Zu berücksichtigen ist jedoch, daß es sich bei den Pferden um Haflinger handelt, die über Genanteile des Arabischen Vollbluts verfügen. So weist der in Niederösterreich erfolgreiche Haflinger Hengst „Galant 16" 25 % Arabisches Vollblut auf und hat damit die Erwartungen eines „Turnier-" bzw. „Reithaflingers" bestens erfüllt. „Galant 16" ist ein Hengst, der in der DDR gezogen und in das Ursprungsland Österreich exportiert wurde. Hierin kommt zum einen die hohe Qualität der Haflinger Zucht der DDR und zum anderen das Leistungsniveau zum Tragen. Seine Turnierbilanz ist in der Tabelle 41 enthalten. Obwohl „Galant 16" von einem jungen Mädchen geritten wurde, erzielten sie sehr gute Ergebnisse. Hervorzuheben sind die Erfolge in der Schweiz, die Plazierungen im Wettkampf mit Großpferden sowie die Teilnahme an den Europameisterschaften in Belgien.

In der DDR werden seit den 80er Jahren Haflinger Turniere in den Disziplinen Dressur und Springen durchgeführt, an denen die unterschiedlichen Genotypen, vom reingezogenen über F_1- und R_1- bis zum R_2-Haflinger, teilnehmen. Sie finden ausnahmslos im südlichen Raum der Republik statt. Bei diesen Turnieren haben sich insbesondere zwei F_1-Produkte, die im erwünschten Modell des Turnierpferdes stehen, durch ihre Siege und Placierungen hervorgetan (Tab. 42). Die Haflinger werden größtenteils von Kindern und Jugendlichen geritten, die oftmals ihre ersten Turniererfahrungen sammeln. Hierin kommt trotz des unterschiedlichen Genanteils des Arabischen Vollbluts der gute Charakter gepaart mit nervlicher Stabilität und damit verbundener Umgänglichkeit voll zum Tragen.

Die Verwendung des Haflingers als Fahrpferd wird in allen Haflinger Zuchtländern praktiziert und so liegt es nahe, auch auf dem Gebiet des Fahrturniersports den Haflinger einzusetzen. Durch das erhöhte Interesse am Fahrsport, vor allem der älteren Generation, den Senioren, ist eine steigende Tendenz in der Anzahl der Turniere zu beobachten. Demzufolge kann damit gerechnet werden, daß die Wettbewerbe mit Haflingern in dieser Disziplin an Umfang zunehmen.

Tabelle 41. Ergebnisse des Hengstes „Galant 16" im Tunierreitsport

Jahr	Turnier	Disziplin	Klasse	Starter	Placierung
1979	Kleinpferde	Springen	L	20	3. u. 4.
	Schweiz	Springen		20	5. (Mannschaft)
		Steaplechese		20	4. (Einzel)
	Großpferde	Springen	A	20	5.
			L	20	3.
	Kleinpferde	Springen	L	–	3.
	Landesmeisterschaft Großpferde	Springen	L/M		2.
	Haflinger	Vielseitigkeit	A		1.
1980	Wiener Meisterschaft	Springen	A		4.
	Belgien Kleinpferde Europameisterschaft	Springen		40	22.
1985	Großpferde	Springen	A	20	1.

Tabelle 42. Ergebnisse der F_1-Haflinger „Cedille" und „Galopp" im Turnierreitsport

Jahr	Turnier	Disziplin	Klasse	Starter	Placierung	
					Cedille	Galopp
1981	Haflinger	Dressur	A	20	2.	1.
	Bezirke Karl-Marx-Stadt, Dresden, Suhl	Springen	A	25	1.; 2.	1.; 2.
1983	Jugendspartakiade (regional)	Dressur	A	15	–	1.
		Springen	A	15	1.	2.
	Haflinger (regional)	Dressur	A	25	–	2.
		Springen	A	25	1.	
1984	Haflinger (regional)	Dressur	A	20	–	2.
		Springen	A	20	1.	1.
1985	Haflinger (Bezirke) Karl-Marx-Stadt Dresden, Suhl	Springen	L	20	1.; 2.	1.; 2.
	Jugendspartakiade Klein- und Groß-pferde (regional)	Dressur	A	15	2.	1.
		Springen	A	15	1.	1.

Als eine Besonderheit gilt sicher die Tatsache, daß die Haflinger im „Kleinpferdeland" Großbritannien im nationalen und internationalen Fahrsport zum Einsatz gelangen. Obwohl sie sich gegen eine starke Konkurrenz verschiedener Kleinpferderassen behaupten müssen, haben sie Fortschritte erzielt, so daß ihr Einsatz im Turniersport auch künftig vorgesehen ist.

Auch in der BRD machen sich die Haflinger im Hindernis- und Geschicklichkeitsfahren gegenüber anderen Rassen einen Namen. Eine Attraktion stellte zum Beispiel in Westfalen ein im Jahre 1985 ausgetragenes Schlittenrennen dar. Dieses Turnier kam als Ein- und Zweispännerprüfung zur Durchführung, indem eine 5 km lange Geländestrecke mit 3 Hindernissen sowie ein Geschicklichkeitsfahren mit 12 Hindernissen zu absolvieren waren. Trotz großer Kleinpferdebeteiligung konnten die Haflinger einen beachtlichen 4.und 7. Platz erringen.

Eigens für Haflinger werden in Meran, in Südtirol, Italien gelegen, Schlittenrennen organisiert.

In der DDR finden wie im Reitsport seit den 80er Jahren Fahrturniere speziell für Haflinger statt, die ausnahmslos im Erzgebirge und in Thüringen ausgerichtet sind. Dadurch, daß sie oft mit Schauveranstaltungen gekoppelt sind, haben sie bei den Besuchern einen großen Zuspruch erlangt.

7.3. Leistungen des Haflingers in züchterisch orientierten Leistungsprüfungen

Züchterische Leistungsprüfungen haben den Sinn, die für eine sinnvolle Nutzung der Pferde erforderlichen Merkmale in der Population genetisch bedingt zu verankern. Indem nur jeweils solche Pferde für die Weiterzucht ausgewählt werden, die den Anforderungen am besten Rechnung tragen, wird versucht, mit jedem Generationswechsel eine weitere Annäherung an das Zuchtziel zu realisieren. Ist die Veränderung der Selektionsmerkmale im Verlauf der Generationen erkennbar bzw. meßbar, so liegt ein Selektions- bzw. Zuchtfortschritt vor.

Den Haupteinfluß auf die qualitative Weiterentwicklung der Population, auf den Zuchtfortschritt übt der Hengstbestand aus. Durch die polygame Zuchtverwendung bedingt, entfallen bei einem Hengst-Stutenverhältnis von 1 zu 35 etwa zwei Drittel des Zuchtfortschrittes auf den Vatertierbestand. Aus diesem Grund richteten sich züchterisch orientierte Leistungsprüfungen stets vordergründig auf den Hengstbestand. Seiner Bedeutung entsprechend galt und gilt es, über die Leistungsprüfung die Vatertiere herauszufinden, die über eine ausgezeichnete Leistungsfähigkeit verfügen und diese wiederum im Reproduktionsprozeß zu nutzen. Von gleich großer Bedeutung ist es, die weniger guten, die unterdurchschnittlich leistungsbereiten und leistungsfähigen Hengste aus der Zucht auszuschließen.

Die systematisch durchgeführt umfangreichsten sowie aussagekräftigsten Leistungsprüfungen von Haflingern in Hengstprüfungsanstalten liegen in der DDR vor. Mit dem Aufbau der Zucht, seit dem Jahre 1956 einhergehend, sind sämtliche in Zuchtverwendung genommenen Hengste, bei einheitlichem Training am neutralen Ort leistungsgeprüft worden.

Bei der anfänglichen Zielstellung, den Haflinger als Wirtschaftskleinpferd zu züchten, war die Leistungsprüfung bis zum Jahre 1971 vordergründig auf Aspekte einer Wirtschaftspferdezucht ausgerichtet. Sie beinhaltete eine Schritt- und Trabprüfung im Sulky, eine Zugwilligkeitsprüfung vor der Schleppe und eine Gespannprüfung in Form einer Leer- und Lastfahrt. Die in dieser Prüfung erzielten Ergebnisse sind in der Tabelle 43 aufgeführt. Um die Leistungsprüfungsergebnisse der Haflinger Hengste mit den anderer Wirtschaftspferderassen zu vergleichen, werden die

Tabelle 43. Leistungsprüfungsergebnisse der in den Jahren 1960 bis 1971 geprüften Haflinger Hengste

	Schrittprüfung 1000 m	Trabprüfung 2000 m	Zugwilligkeitsprüfung 200 m 125 kp	Lastfahrt 12000 m 3faches Eigengewicht	Leerfahrt 12000 m
Anzahl Hengste	23	25	21	25	25
Anzahl	122,48	70,72	148,05	–	–
Schritte/100 m	112–132	64–82	136–160	–	–
Schrittlänge (cm)	81,65	141,40	67,54	–	–
	75,75–89,29	121,95–156,25	62,50–73,53	–	–
Zeit (min)	8 :51	6 :39	–	107 :34	58 :02
	7 :55–9 :58	6 :13–7 :22	–	104–115	55–66
Arbeitsgeschwindigkeit	1,88	5,01	–	1,86	3,45
(m/s)	1,67–2,10	4,52–5,36	–	1,74–1,92	3,03–3,64

Daten der zeitgleich geprüften Hengste der Rassen Schweres Warmblut und Kaltblut mit ausgewiesen.

Die geprüften Haflinger Hengste erreichten im Durchschnitt Schritt- und Trittlängen von 81,65 bzw. 141,40 cm, wobei die Variation in Bereichen von 75,75–89,29 cm im Schritt und von 121,95–156,25 cm im Trab liegt. Ihre durchschnittliche Arbeitsgeschwindigkeit im Schritt beläuft sich auf 1,88 m/s (1,67–2,10 m/s) und die im Trab auf 5,01 m/s (4,52 bis 5,35 m/s).

In der Schritt- und Trabprüfung wurden die Arbeitsgeschwindigkeiten und die Maße der Schritt- und Trittlänge ermittelt. In der Prüfung der Zugwilligkeit und der Gespanneignung, die sich aus einer Leer- und einer Lastfahrt zusammensetzte, erfolgte die Bestimmung von Arbeitswillen, Schrittlänge und Zeitaufwand.

Unter Belastung von 125 kp Zugwiderstand haben die Haflinger Hengste eine durchschnittliche Schrittlänge von 67,54 cm zu verzeichnen, die somit 14,11 cm unter der der Schrittprüfung im Sulky liegt. Dieser Unterschied dürfte seine Begründung darin haben, daß die Haflinger bei Belastung ihre Schrittfrequenz stark erhöhen, um den Zugwiderstand zu überwinden. Die Strecke von 12000 m Lastfahrt legten die Haflinger Hengste in einer Zeit von durchschnittlich 107 min und 34 s zurück, was einer Arbeitsgeschwindigkeit von 1,86 m/s entspricht. Die Gespannfahrt ohne Belastung absolvierten sie bei gleicher Entfernung durchschnittlich in 58 min und 2 s (3,45 m/s).

Die individuelle Variation der realisierten Leistungswerte ist bei allen Merkmalen beträchtlich. Sie macht Möglichkeiten der züchterischen Selektion deutlich und schafft vor allem Grenzwerte für die Körung zur Zuchtverwendung.

Tabelle 44. Schrittlänge, Schritt- und Trabgeschwindigkeit der Rassen Schweres Warmblut, Kaltblut und Haflinger (Hengste)

Rasse		Schrittlänge ohne Zugkraftbelastung (Doppelschritte)		Arbeitsgeschwindigkeit ohne Zugkraftbelastung		Arbeitsgeschwindigkeit Schritt	Arbeitsgeschwindigkeit Trab
		Prüfstrecke 1000 m im Schritt in cm	Prüfstrecke 2000 m im Trab cm	Prüfstrecke 1000 m im Schritt m/s	Prüfstrecke 2000 m im Trab m/s	m/s Belastung 3faches Eigengewicht 12000 m	m/s Belastung leichter Wagen 12000 m
Anzahl Hengste		23	25	23	25	25	25
Haflinger							
	abs.	81,7	141,4	1,88	5,01	1,86	3,45
		75,8–89,3	122,0–156,2	1,67–2,10	4,52–5,36	1,74–1,92	3,03–3,64
	rel.*	89,1	79,0	89,5	87,9	97,4	94,0
Anzahl Hengste		151	152	151	152	152	152
Schweres							
Warmblut	abs.	91,7	179,1	2,10	5,70	1,91	3,67
		78,1–102,0	131,6–238,1	1,76–2,42	4,25–6,64	1,71–2,20	2,23–4,44
	rel.	100	100	100	100	100	100
Anzahl Hengste		96	69	96	69	46	32
Kaltblut							
	abs.	92,2	158,0	1,96	5,18	1,83	3,09
		78,1–108,7	135,1–178,6	1,68–2,35	4,28–6,58	1,71–2,06	2,74–3,64
	rel.*	100,5	88,2	93,3	90,9	95,8	84,2

* zu SW

Vergleicht man die erfaßten Werte der Haflinger Hengste mit den der Rasse Schweres Warmblut und Kaltblut, so zeigt sich, daß die Haflinger infolge ihrer Kleinheit zwar eine geringere Schritt- und Trittlänge als die Großpferde aufweisen, jedoch aufgrund ihrer erhöhten Schrittfrequenz eine normale Arbeitsgeschwindigkeit erreichen. Gegenüber dem Kaltblut war es auf der 12000-m-Strecke möglich, gleiche bzw. sogar etwas höhere Werte zu erzielen (Tab. 44).

Mit dem Übergang von der vordergründig wirtschaftlichen zur vielseitigen Verwendung des Haflingers ergab sich die Notwendigkeit der Änderung des Zuchtzieles, mit der die Leistungsprüfung einhergehen mußte. So trägt das Leistungsprüfungssytem der Haflinger Hengste in der DDR seit 1972 sowohl wirtschaftlichen als auch sportlichen Aspekten Rechnung. Ein wesentliches Prüfgebiet erstreckt sich auf die 3 Grundgangarten des Pferdes, wobei die Maße der Schritt- und Trittlänge und die Arbeitsgeschwindigkeiten aller 3 Grundgangarten ermittelt werden. Die Prüfung im Schritt und im Trab erfolgt im Sulky, so daß damit eine Einspänner-Geschirrprüfung gekoppelt ist. Zur Beurteilung der Rittigkeit erfolgt eine Prüfung unter dem Reiter mit den Disziplinen Trab und Galopp. Die Zugwilligkeit ist einspännig vor der Schleppe über 200 m und dreimaligem Anziehen bei einem Zugwiderstand von 125 kp unter Beweis zu stellen. Schließlich müssen die Hengste im Gespann vor einem leichten Wagen über 12 km in der Zeit von maximal einer Stunde gehen.

Welche Leistungen die Haflinger Hengste seit 1972 erbracht haben zeigt die Tabelle 45 auf.

Diese Form der Leistungsprüfung, in der Prüfungen im Sulky, vor der Schleppe, im Gespann und unter dem Reiter durchgeführt werden, also auf die vielfältigen Nutzmöglichkeiten des Haflingers ausgerichtet ist, haben einen Neuheitswert, da bis zur Gegenwart kaum oder keine Ergebnisse über solche Leistungsprüfungssysteme beim Haflinger aus der Literatur bekannt sind. Während die Schritt- und Trabprüfung im Sulky aus der alten Prüfung beibehalten wurde, erfuhr die Zugwilligkeitsprüfung insofern eine Änderung, als die Manier im Zug und die Leistungsbereitschaft subjektiv mit Punkten bewertet wurde. Die Gespannprüfung reduzierte sich auf eine 12 km lange Kutschfahrt, die in Koppelung mit anderen Prüfkriterien Aussagen über die Eignung als Fahrtouristikpferd zulassen. Im Rittigkeitstest, der zwei Trabstrecken (1000 m und 500 m) und eine Galoppstrecke von 500 m umfaßt, wird die Gangmechanik unter dem Reiter bewertet. Da die Galoppstrecke drei Hindernisse enthält, kann die Beurteilung der Springmanier erfolgen.

Wie in der DDR, so finden auch beispielsweise in der BRD und in der Schweiz Hengstleistungsprüfungen statt. Während in Hessen und in Rheinland-Pfalz – Saar die Beschäler in den 3 Grundgangarten geprüft werden, legen die Kleinpferdehengste in Westfalen eine Vielseitigkeitsprüfung im 30-Tage-Test ab. Dabei werden sie einer Prüfung im Freispringen, in der Dressur und im Parcoursspringen sowie einer Geländeprüfung unterzogen. Die Bewertung erfolgt hauptsächlich nach interieuren Parametern und schließt die Bewegungsmechanik im Frei- und Parcoursspringen ein.

In der Schweiz kommt die Hengstleistungsprüfung im Gestüt Avenches seit 1942 in unveränderter Form zur Durchführung, die die Hengste im Alter von 5 bis 6 Jahren ablegen müssen. Sie ist vordergründig auf die wirtschaftliche Nutzung ausgerichtet und beinhaltet eine Trabprüfung vor dem Zweiradkarren und eine Zugwilligkeits- und Gängigkeitsprüfung.

Tabelle 45. Leistungsprüfungsergebnisse der in den Jahren 1972 bis 1981 geprüften Haflinger Hengste

	Schrittprüfung	Trabprüfung	Zugwilligkeits-	Rittigkeitstest			Gespannprüfung
	1000 m	2000 m	prüfung	1000 m Trab	500 m Galopp	500 m Trab	12000 m
Anzahl Hengste	44	44	43	42	42	42	39
Schritte/100 m	121,14	70,54	–	–	–	–	–
	108–130	60–80					
Schrittlänge (cm)	82,55	141,76	–	–	–	–	–
	76,9–92,6	125–166,7	–	–	–	–	–
Zeit (min)	8 : 23	6 : 28	–	3 : 13	1 : 09	1 : 40	54 : 03
	7 : 25–9 : 40	5 : 40–6 : 57	–	2 : 45–3 : 41	0 : 56–1 : 38	1 : 28–2 : 02	49 : 0–60 : 0
Arbeitsgeschwindigkeit	1,99	5,15	–	5,18	7,18	5,02	3,70
(m/s)	1,72–2,25	4,80–5,88	–	4,52–6,06	5,10–8,93	4,10–5,68	3,33–4,08
Punkte	–	–	17,84	–	–	–	–
			0–20				

Tabelle 46. Ergebnisse der Leistungsprüfung von dreijährigen Haflinger Stuten in der Station (n=58)

	Grundgangartenprüfung			Fahrprüfung (Sulky)		Zugwillig-keitsprüfung 200 m 100 kp max. 30 Punkte	Dressureignungsprüfung maximal 120 Punkte	Geländeprüfung 3000 m 5 Hindernisse	
	Schritt 500 m	Trab 1000 m	Galopp 500 m	Schritt 1000 m	Trab 1000 m			Zeit	Manier im Sprung max. 30 Punkte
	121,33	73,09	24,82	125,62	75,07	–	–	–	–
Schritte/100 m	110–136	60–88	20–33	112–140	56–88				
Schrittlänge	82,42	136,82	402,90	79,61	133,21	–	–	–	–
(cm)	73,5–90,9	113,6–166,7	303,0–500,0	71,4–89,3	113,6–178,6	–			
Zeit	282,34	202,59	52,48	588,03	213,84	–	–	670,00	–
(s)	258–311	177–238	43–75	510–655	180–252			519–899	
Geschwin-	1,77	4,94	9,53	1,70	4,68	–	–	4,48	–
digkeit (m/s)	1,61–1,94	4,20–5,65	6,67–11,63	1,53–1,96	3,97–5,56			3,34–5,78	
Punkte	–	–	–	–	–	23,62	90,20	–	25,28
						0–30	66,3–105,9		18,4–30,0

Insgesamt wird aus den Leistungsergebnissen die hohe Vielseitigkeit des Haflingers deutlich. Es zeigt sich aber auch in allen Disziplinen eine beachtliche Variation der Leistungen, die Möglichkeiten für die züchterische Selektion bieten. Es wird gleichzeitig deutlich, daß in der Population speziell veranlagte Pferde vorhanden sind. Somit ist eine züchterische Reaktion auf spezielle Marktanforderungen genauso möglich wie eine gezielte Auswahl von Pferden für einen bestimmten Verwendungszweck.

Zur Ermittlung der genetisch bedingten Leistungsfähigkeit des Haflinger Pferdes fanden erstmalig von 1979 bis 1981 Leistungsprüfungen von dreijährigen Haflinger Stuten (Petzold 1982) in einer Prüfstation statt. Das Programm sah die Prüfung von sechs Hengstnachkommenschaften mit jeweils zehn Stuten vor. Dem Anliegen Rechnung tragend, wurde wiederum die Vielseitigkeit in den Mittelpunkt gestellt, wobei sich die Prüfung auf die drei Grundgangarten unter dem Reiter, auf eine Dressureignungsprüfung, eine Fahrprüfung im Sulky, eine Zugwilligkeitsprüfung vor der Schleppe sowie eine Geländeprüfung erstreckte.

In drei Jahren gelangten in 10 Prüfdurchgängen 58 Stuten zur Prüfung, die zuvor 6 Wochen trainiert wurden und an zwei Tagen die genannten Prüfungen ablegten. Um einheitliche Bedingungen für alle Stuten zu gewährleisten, wurden sie alle von einem Reiter bzw. Fahrer vorgestellt. In der Tabelle 46 sind die von ihnen erzielten Ergebnisse wiedergegeben.

Da aus der Literatur keine Daten über den Raumgriff von Haflinger Stuten vorliegen, sollen die erzielten Gangmaße der Haflinger Stuten mit denen von Edlen Warmblutstuten verglichen werden. Die Gegenüberstellung der Werte macht deutlich, daß die Haflinger Stuten in den absoluten Gangmaßen größere Differenzen zu den Warmblutstuten aufweisen. Setzt man die Gangmaße ins Verhältnis zur durchschnittlichen Widerristhöhe, so ergeben sich für beide Rassen etwa die gleichen Relationen. Das bedeutet, daß die Haflinger Stuten, bezogen auf ihre Widerristhöhe, analoge Gangmaße wie die Warmblutstuten aufweisen (Tab. 47).

In der Grundgangartenprüfung erreichten die Haflinger Stuten bezüglich der Gangmaße und Geschwindigkeiten bessere Ergebnisse als in der Sulkyprüfung. Dieser Unterschied bringt den hohen Einfluß des Reiters zum Ausdruck, in dem das Pferd unter dem Reiter seine maximale Leistungsfähigkeit entwickelt.

Bei der Zugwilligkeitsprüfung hatten die Stuten eine Strecke von 200 m mit einem Zugwiderstand von 100 kp zu überwinden. Bewertet wurden die Ruhe im Anzug, die Kontinuität des Zuges und die Leistungsbereitschaft. Von 30 möglichen Punkten erzielten die Probanden im Durchschnitt 23,62 Punkte, womit die Leistung als gut eingeschätzt werden konnte. Hierbei sollte beachtet werden, daß es sich um dreijährige Stuten handelt, die nur eine sehr kurze Trainingszeit zur Verfügung hatten. Für die einzelnen Kriterien erhielten sie durchschnittlich 7,50 Punkte für die Ruhe im Anzug, 7,79 Punkte für die Kontinuität im Zug und 8,33 Punkte für die Leistungsbereitschaft. Allerdings reicht die Variation von insgesamt 0 bis zu 30 Punkten. Damit kommt zum Ausdruck, daß einerseits dreijährige Stuten innerhalb einer kurzen Trainingszeit in der Lage sind, gute Ergebnisse zu erzielen. Zum anderen müssen Probanden mit schwächerer Leistungsbereitschaft genügend lange angelernt werden, um sie mit diesem Gegenstand vertraut zu machen und sie an den geforderten Zugwiderstand und den Einzelzug in der Schleppe zu gewöhnen.

Tabelle 47. Mittelwerte der Gangmaße von Warmblut- und Haflinger Stuten und Verhältnis der Körpergröße zu den Gangmaßen

Autor Jahr	Rasse	Anzahl Stuten	WH cm	Galopp Anzahl Sprünge	Sprung-länge cm	Trab Anzahl Tritte	Tritt-länge cm	Schritt Anzahl Schritte	Schritt-länge cm	Widerristhöhe zu Sprung-länge	Tritt-länge	Schritt-länge
Scheide	WB Hann. Abst.	277	163,82	20,7	484	61,1	164	104,8	95	2,95	1,00	0,58
1977	WB Trak. Abst.	139	160,51	19,9	502	60,4	166	108,8	92	3,31	1,03	0,57
Sasse 1978	EW	582	162,06	19,8	505	59,9	167	105,3	95	3,11	1,03	0,59
Petzold 1982	Haflinger (Station)	58	137,31	24,8	403	73,1	137	121,3	82	2,93	1,00	0,60
	Haflinger (Feld)	87	137,01	27,7	361	78,6	127	122,6	82	2,63	0,93	0,60

WB Hann. Abst. = Warmblut Hannoveraner Abstammung
WB Trak. Abst. = Warmblut Trakehner Abstammung
EW = Edles Warmblut

Station = Stationsprüfung
Feld = Feldprüfung

Die Ausbildung des Pferdes in der Dressur stellt die Grundvoraussetzung für die reiterliche Nutzung überhaupt dar. Deshalb war es auch notwendig, Kenntnisse über die Dressureignung des Haflingers zu gewinnen, da er in der Reittouristik zum Einsatz kommt und auch turniersportlich genutzt werden soll. Diesem Erfordernis Rechnung tragend, wurde eine Dressuraufgabe speziell für Haflinger erarbeitet, die die sehr kurze Trainingszeit und das Modell dieser Pferderasse berücksichtigt. In der Dressuraufgabe wurde das Hauptaugenmerk auf die Rittigkeit, auf die Dressureignung und auf die Bewegungsabläufe in den Grundgangarten gelegt. Die Variation der Dressureignung der geprüften Haflinger Stuten ist sehr hoch und bewegt sich in den Grenzen von 66,3 bis 105,9 Punkten bei einem Durchschnitt von 90,20 bei 120 erreichbaren Punkten.

Obwohl alle Probanden willig waren und durchweg Ruhe und nervliche Ausgeglichenheit sowie Gelehrigkeit erkennen ließen, zeigte sich eine hohe an das Modell des Pferdes gebundene Differenziertheit in der Leistungsfähigkeit. Am besten schnitten die Pferde ab, die auch phänotypisch von Merkmalen des Reitpferdes geprägt waren.

Um das Bild über die Vielseitigkeit des Haflingers abzurunden, wurde eine Prüfung im Gelände durchgeführt. Sie umfaßte eine Strecke von 3000 m mit unterschiedlichen Distanzen in den drei Grundgangarten und 5 Hindernissen (0,80 m hoch). Inwieweit die Stuten bezüglich der Geschwindigkeit gefordert werden konnten, lag im Ermessen des Reiters. Besonderes Augenmerk wurde auf die Sicherheit im Gelände und auf die Bewertung der Springmanier gelegt, welche die Ruhe und Bereitschaft, die Beintechnik und die Gewandheit im Sprung beinhaltete. Im Durchschnitt errangen die Probanden von 30 möglichen 25,28 Punkte. Die Variation reicht von 18,4 bis 30,0 Punkte und demonstriert das gute Ergebnis bezüglich des Charakters und der betonten Leistungsfähigkeit des Haflinger Pferdes im Gelände.

Die Prüfung am genetisch definierten Material belegte quantifizierbar die hohe vielseitige Leistungsfähigkeit des Haflinger Pferdes. Sie machte im weiteren eine große Merkmalsvariation deutlich, die spziellen Anforderungen genügend breiten Raum läßt. Im Vergleich des Leistungsspektrums der Hengstnachkommenschaften erwiesen sich 2 als reiterlich sehr gut geeignet, 2 von absoluter Vielseitigkeit geprägt, eine als zugleistungsbetont veranlagt und eine als leistungsschwach in nahezu allen Disziplinen.

7.4. Leistungen von Haflinger Pferden in der Zugarbeit

Das Zugleistungsvermögen war sicher die bedeutsamste direkte Leistungseigenschaft bei der Entwicklung des Haflingers zur Kulturrasse.

Die heute an diese Stelle getretene Vielseitigkeit hat einen Wandel geschaffen, doch bleibt auch gegenwärtig die Zugwilligkeit ein bedeutendes Selektionskriterium. Wie kaum eine andere Prüfung macht diese den Charakter des Pferdes, seinen Gehorsam, die nervliche Stabilität und den Leistungswillen deutlich. Demzufolge haben auch reine Reitpferdezuchten den Test der Zugwilligkeit beibehalten bzw. wieder in ihre Leistungsprüfsysteme aufgenommen.

In einer Reihe von Zuchtländen des Haflinger Pferdes werden im Rahmen der Vielseitigkeit auch höhere Zugleistungen abverlangt. Ein Teil der Pferde kommt direkt in der Wirtschaft zum Einsatz. Die Nutzungspalette reicht dabei von der gewerbsmäßigen Fahrtouristik über den Einsatz in Speditionen, im Wein- und Gartenbau, über die Landwirtschaft bis hin zur Forstwirtschaft. Um die absolute Zugleistungsfähigkeit, die im Mittel der Population vorliegt, zu erfassen, wurden bereits Ende der 50er Jahre von Schwark (1961) gestaffelte Zugleistungsprüfungen durchgeführt. Hierfür standen 40 Stuten aus dem Zuchtgebiet Tirol und in einigen Ausnahmen aus dem Zuchtgebiet Bayern der BRD zur Verfügung. Sämtliche Probanden standen im täglichen Arbeitsprozeß der Landwirtschaft, die zu der Zeit noch von einer Dauerzugleistung in der Feldwirtschaft hochgradig gekennzeichnet war. Die Pferde waren dementsprechend trainiert und in guter Arbeitskondition.

Geprüft wurde nach der Methode des gestaffelten Zugwiderstandes über 10 m Teilstrecken und jeweiliger Zugwiderstandserhöhung um 50 kp. Alle Pferde konnten somit unter gleichen Bedingungen hinsichtlich ihrer Dauerzugkraft, der Arbeitsgeschwindigkeit, dem Arbeitswillen und dem Arbeitsstil beurteilt werden.

Zwischen den Teilstrecken wurde den Pferden eine Erholungspause von jeweils 3 min gewährt. An kürzeren Unterbrechungen waren bis zu drei je Teilstrecke zulässig bei einer Teilstreckenhöchstdauer von 100 s. Im Überschreitungsfall einer der beiden Faktoren (Unterbrechung und Höchstdauer) galt die Leistungsgrenze als erreicht. In der Tabelle 48 werden die erbrachten Endleistungen der 40 Haflinger absolut und relativ wiedergegeben. Alle Pferde leisteten unter den vorgenannten Bedingungen eine Zugkraft von 100 kp und erfüllten somit die an Kleinpferde im Vielseitigkeitsmodell zu stellenden Anforderungen. Bei erhöhtem Zugwiderstand auf 150 kp fielen die ersten 5 Pferde aus. 87,5 % absolvierten aber die in der früheren LPO für Warmblutpferde geforderte Zugleistung. 27 Pferde (67,5 %) bezwangen den nächsten höheren Zugwiderstand von 200 kp. In der nächsten Klasse konnten noch 15 Pferde (37,5 %) bestehen, und 6 Pferde bewältigten sogar einen Zugwiderstand von 300 kp über 100 m.

Die durchschnittliche Zugleistungsfähigkeit des Haflingers erreicht damit 206,250 kp. Im Vergleich zur Leistungsfähigkeit des unter gleichen Bedingungen geprüften Kaltblutpferdes sind es 72,4 %. Damit kommt zum Ausdruck, daß der Haflinger beim heutigen Stand der Technisierung annähernd alle dem Pferd verbliebenen Arbeiten zu verrichten in der Lage ist. Im übrigen decken sich die Ergebnisse der Untersuchungen von Schwark (1961) mit denen anderer Autoren vollauf. Nach

Tabelle 48. Ergebnis der Zugkraftmessungen bei Haflingern mit Hilfe der gestaffelten Zugleistungsprüfung

Zugwiderstand über 100 m in kp	Anzahl der geprüften und bestandenen Pferde	
	absolut	relativ
100	40	100
150	35	87,5
200	27	67,5
250	15	37,5
300	6	15,0

Krüger (1957) vollbrachten die Kaltblüter und Schweren Warmblüter Leistungen zwischen 240 und 320 kp, die Traber und Kleinpferde solche von 160 und 200 kp. Petzold (1952) und Seefeld (1954) kommen bei ihren Untersuchungen an Kalt- und Warmblutpferden zu ähnlichen Ergebnissen. Burghausen (1956), der in Anlehnung an das ungarische Prüfungssystem nur über 50 m Streckenlänge prüfte, stellte bei den schweren Kaltblütern (über 650 kg Körpermasse) Zugleistungen zwischen 350 und 400 kp, bei den leichten Kaltblütern (unter 650 kg Körpermasse) zwischen 300 und 350 kp fest. Pferde warmblütiger Schläge erbrachten in der schweren Klasse (über 550 kg Körpermasse) Zugleistungen von 250 bis 300 kp, in der leichteren Klasse (unter 550 kg Körpermasse) von 200 bis 250 kp.

Die Zugleistungen und der praktische Einsatz charakterisieren den Haflinger als ein vielseitiges Kleinpferd. Leistungsveranlagung und Arbeitswille, gepaart mit bestem Temperament und ausgezeichnetem Charakter haben die Voraussetzungen geschaffen, den Haflinger in allen Nutzungsbereichen einzusetzen. Dieses kann ebenfalls bezüglich seines Einsatzes in der Forstwirtschaft gesagt werden. In seinem Ursprungsland besteht in den Wintermonaten die schwerste Zugarbeit im Holztransport, wofür er sich aufgrund der großen Gewandtheit und Trittsicherheit besonders gut eignet. Untersuchungen in hinsichtlich territorialer Lage und waldbaulicher Struktur verschiedenen Forstwirtschaftsbetrieben der DDR, in denen Haflinger ganzjährig zu Rückearbeiten eingesetzt werden, bestätigen die im alpinen Raum gemachten Erfahrungen.

Die in der Tabelle 49 dargestellten Rückeleistungen je Pferd in zwei untersuchten Forstwirtschaftsbetrieben des Thüringer Waldes und des Harzes im Vergleich zu Kaltblutpferden dokumentieren die Leistungsfähigkeit und Wirtschaftlichkeit dieser Pferde.

Beachtenswert ist, daß in diesen Mittelgebirgsbetrieben etwa 1/3 der anfallenden Arbeiten, bedingt durch Bergauf-Rücken und Bringung mittlerer bis starker Sortimente, im Zugwiderstandsbereich über 225 kp liegen. Auch bei diesen hohen absoluten Zugleistungen ist der Haflinger aufgrund seines hervorragenden Regenerationsvermögens, seines hohen Arbeitswillens und seiner großen Anpassungsfähigkeit dem Großpferd ebenbürtig. Sein hohes Regenerationsvermögen hat der Haflinger auch in einem Versuch bestätigt, der von ihm einen maximalen Arbeitswillen erforderte. So wurden mehrere Haflinger und Kaltblutpferde bei normal laufendem Arbeitsbetrieb im Abstand von 30 min fünfmal hintereinander auf maximales Zugleistungsvermögen getestet. Es zeigte sich deutlich, daß der Haflinger in

Tabelle 49. Leistungen der Haflinger in der Forstwirtschaft im Vergleich zu Kaltblutpferden (Beier 1985)

Forstwirtschaftsbetrieb	Rasse	Rückeleistung m³/Pferd	Kostensatz
Thüringen	Haflinger	1670	80,31
	Kaltblut	1683	86,12
Harz	Haflinger	1720	78,50
	Kaltblut	1790	85,20

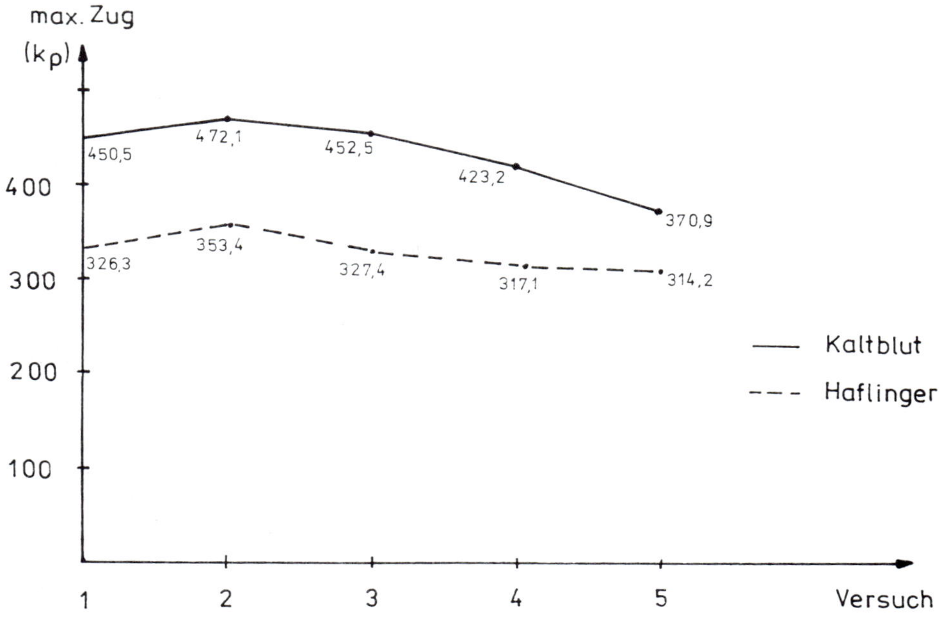

Darstellung 16. Wiederholbarkeit der maximalen Zugleistung

der Lage ist, über einen längeren Zeitraum und mit größerer Sicherheit seine maximale Leistung zu wiederholen als der Kaltblüter (Darstellung 16).

Die „Waldarbeiter“ beider Rassen steigerten bei der ersten Wiederholung ihre Höchstleistung um 4,8 % (Kaltblüter) bzw. 8,3 % (Haflinger). Nach der 3. Wiederholung der gebotenen Höchstleistung lagen die Kaltblüter bei 78,6 %, die Haflinger jedoch noch bei 88,9 % des Ausgangswertes. Dieses macht die Verwendungsmöglichkeit des Haflingers in der Forstwirtschaft auch in Form der Einzelanspannung deutlich. Von großer Wichtigkeit ist die typ- nud modellbezogene Auswahl, ein entsprechender Leistungsaufbau und ein durchgängiges Training. Daß Höchstleistungen erst ab dem 4. bis 5. Lebensjahr abverlangt werden sollten, dürfte bei allen Rassen gleich sein.

Wesentlich günstiger als beim Einsatz in mittleren bis schweren Sortimenten, in denen die Pferde oftmals nahe ihrer Leistungsgrenze arbeiten müssen, ist ihre Verwendung in der Jungbestandspflege, bei der ersten bzw. zweiten Durchforstung. Hier liegen die Anforderungen nicht in erster Linie im absoluten Zugleistungsvermögen, sondern in der Beweglichkeit und Geschicklichkeit der Pferde. Meist sind die Arbeiten in den relativ engen Baumreihen der Kulturen zu vollbringen, wofür sich die Haflinger bestens eignen.

Im weiteren sind Holzarten und der Standort von größerem Einfluß auf die abzuverlangende Zugleistung. Laubhölzer verursachen höhere Zugwiderstände als Nadelhölzer, wie auch Gebirgsstandorte zeitweilig größere Leistungen abverlangen als solche im Flachland. Dieses läßt sich an den Zugwiderstandsgruppen der von Pferden erbrachten Leistungen in drei von Beier (1985) untersuchten Forstwirtschaftsbetrieben an grundlegend verschiedenen Standorten der DDR nachweisen. Die in Tabelle 50 ausgewiesenen 3 Forstwirtschaftsbetriebe befinden sich im Thüringer Wald, im Harz und in der Tiefebene im Norden der DDR.

Von der Zweckmäßigkeit abgeleitet, verwenden unter Beachtung der in den Populationen vorliegenden mittleren Leistungsfähigkeit eine Reihe von Forstwirtschaftsbetrieben Vertreter verschiedener Pferderassen nebeneinander. So kommen Kaltblutpferde, mischblütige Pferde und Haflinger, je nach Eignung und Zugkraftanforderung, zum Einsatz. Welche Unterschiede hierbei in der Praxis vorliegen, wird an Vergleichswerten von zwei Betrieben deutlich (Tab. 51).

Die in Tabelle 51 ausgewiesenen Werte sprechen für sich und kennzeichnen den Haflinger als ein modernes Wirtschaftspferd für hochgradig technisierte Bewirtschaftung der Waldbestände. Es erscheint zweckmäßig und ökonomisch, in Analogie zum Einsatz unterschiedlich schwerer Traktoren auch den Pferdebestand von Forstwirtschaftsbetrieben differenziert zusammenzusetzen.

Zusammenfassend ist festzustellen, daß die Züchtung auf vielseitige Verwendung des Haflingers dem Zugleistungsvermögen genügend Raum gelassen hat. Entscheidend ist die individuelle Auswahl unter dem Blickwinkel der Verwendung, wobei für den reinen Zugdienst Rahmen und Kaliber Berücksichtigung finden sollten. Unter dessen Beachtung ist der Haflinger, beim heutigen Stand der Technisierung der Wirtschaftsprozesse, in der Lage, weitgehend alle dem Pferd verbliebenen

Tabelle 50. Prozentuale Aufgliederung in Zugwiderstandsgruppen in drei Staatlichen Forstwirtschaftsbetrieben (Gesamtleistung = 100 %)

Zugwiderstandsgruppe	Staatliche Forstwirtschaftsbetriebe		
	Thüringer Wald	Harz	Tiefebene
bis 75 kp	8,2	9,3	12,5
76–125 kp	17,4	18,1	41,5
126–175 kp	16,3	20,4	27,2
176–225 kp	22,5	24,2	9,1
226–275 kp	20,1	14,5	7,2
276–375 kp	15,5	13,5	2,5

Tabelle 51. Pferdebestand, Pferdebesatz und Anteil an Haflingern am Pferdebestand von zwei Forstwirtschaftsbetrieben

Parameter	Harz	Tiefebene
Anzahl Pferde (abs.)	42	63
davon Haflinger (abs.)	24	50
davon Haflinger (rel.)	57,1	79,3
ha Holzbodenfläche/Pferd	774	952
Pferde/1000 ha Holzbodenfläche	1,4	1,05

Zugarbeiten zu verrichten. Der im Vergleich zum Kaltblutpferd um etwa 30 % geringere Futterenergiebedarf und um etwa 50 % niedrigere Anspruch an Konzentratfutter kann dabei eine ökonomisch bedeutsame Größe sein.

7.5. Verwendung des Haflingers in sonstigen Bereichen

Der Vollständigkeit halber sollen in aller Kürze weitere Verwendungsbereiche des Haflinger Pferdes aufgezeigt werden. Je nach Interessenlage ist der Umfang dieser Nutzungsformen unterschiedlich. Eine zunehmend mehr zur Anwendung gelangende Behandlung spastisch gelähmter Kinder und Jugendlicher ist das therapeutische Reiten. Hierfür eignen sich Haflinger besonders gut. Zum einen ist es das ruhige Temperament und der gutartige Charakter der Pferde, zum anderen die Größe und Körperform, insbesondere die Breite und Rippenwölbung. Kliniken und Sanatorien, in denen die Reittherapie mit Haflingern betrieben wird, gibt es inzwischen in mehreren Ländern. So wird von Rehabilitationszentren mit Haflingern aus Großbritannien und vom krankengymnastischen Reiten (Hippotherapie) bzw. vom heilpädagogischen Reiten aus anderen europäischen Ländern berichtet.

Unter medizinischen Aspekten erfolgt auch die Erzeugung von Pferdemilch. Sie zeichnet sich durch einen geringen Kasein- und Albumin- sowie Fettgehalt aus und ist von einem hohen Grad an Milchzucker gekennzeichnet. Aus Bayern (BRD) wird von einem Produktionsbetrieb mit Haflinger Stuten berichtet, der Pferdemilch für Sanatorien erzeugt und diese maschinell verpackt in 100 g Dosierungen den Bedarfsträgern zur Verfügung stellt. Bei Laktationsleistungen von etwa 2000 kg Gesamtmilch können neben der Aufzucht des Fohlens bis zu 50 % dem Markt zugeführt werden. Bei einem Preis von etwa 10,– DM/kg kann die Erzeugung von Stutenmilch durchaus gewinnbringend betrieben werden.

In der DDR werden Haflinger Zuchtbestände in die Serumproduktion einbezogen. Die hierbei gemachten Erfahrungen, insbesondere in der Teilnutzung während des 42. bis 105. Trächtigkeitstages lassen eine ausgezeichnete Eignung des Haflingers für die PMSG-Produktion (pregnant mare serum gonadotropin) erkennen. In Spitzenbetrieben werden bis zu 50 kg Rohserum je Stute und Jahr erreicht, ohne dabei den Reproduktionsprozeß und die Entwicklung der Fohlen weder in der prä- noch in der postnatalen Phase negativ zu beeinflussen.

Seit geraumer Zeit wird das Reproduktionsvermögen von Haflinger Stuten auch zur Schlachtfohlenproduktion und somit zur Fleischerzeugung genutzt. Der Zuchtverband Tirol führt seit mehr als 25 Jahren sämtliche Hengstfohlen, die nicht als Hengstanwärter geeignet sind, nach dem Absetzen der Schlachtung zu. Aber auch in anderen Zuchtgebieten erfolgt zunehmend mehr die Räumung des Marktes auf diese Weise. Bei der Preisbildung für Fohlenfleisch auf dem Weltmarkt bringen auch Schlachtfohlen eine bedeutende Nebeneinnahme und entlasten die Haltungskosten der Mutterstute beträchtlch. In Gebieten mit billigem Grünfutter sind die Erzeugungskosten relativ gering, so daß diese Form der Koppelproduktion in Verbindung zur Primärnutzung der Stute für viele Stutenhalter ökonomisch bedeutsam ist. In westeuropäischen Ländern verfügen 6 bis 8 Monate alte Haflinger Schlachtfohlen über den gleichen Wert wie gleichaltrige bzw. gleichschwere Jungmastrinder. Die Körpermasseentwicklung und die Endmasse derartig genutzter Hengstfohlen geht aus Tabelle 52 hervor.

Tabelle 52. Körpermasseentwicklung (kg) von Haflinger Hengstfohlen im Zeitraum vom 4. bis zum 10. Lebensmonat (n=12)

statistische Maßzahlen	Monat 4.	5.	6.	7.	8.	9.	10.
$\bar{x}$	181,33	203,27	225,50	236,91	245,42	258,54	269,78
s	25,52	24,88	24,03	23,78	19,81	16,85	15,13
Min.	139	162	175	185	204	220	243
Max.	– 224	– 247	– 260	– 270	– 273	– 284	– 287
tägliche Zunahme (g) $\bar{x}$ 419 g/Tag		731	741	380	284	437	375

Zur Marktlage ist noch hervorzuheben, daß international günstige Absatzbedingungen für Schlachtfohlen und Fohlenfleisch bestehen.

Schließlich soll die Verwendung von Haflingern im Militärwesen genannt werden. Zahlenmäßig zwar stark reduziert kommen Haflinger in der Österreichischen Armee als Tragtiere zum Einsatz. Unter der gleichen Zweckbestimmung baut die Republik Indien eine Zucht des Haflingers in nationalen Militärgestüten auf. Prüfungen, in denen Haflinger im Vergleich zu Maultieren zum Einsatz kamen, erbrachten eine hochgradige Überlegenheit der Haflinger. Somit sollen die Gebirgstruppen für das indische Hochland, insbesondere des Himalaja und des Karakorum, mit Höhenlagen bis zu 8600 m zunehmend mit Haflingern ausgestattet werden.

8. Literaturverzeichnis

Aschersleben, K., u. G. Aschersleben (1981): Die ersten 12 Monate – Wachstums- und Entwicklungsvorgänge beim Haflinger. – Ponymagazin 29 (4): 173–176

Basenach, J. (1977): Artikel. – Reiter, Revue, H. 12: S. 1468, 1470; Breidbach, S. (1957): Zucht, Haltung, Leistung und Arbeitsverwendung des Kleinpferdes in der Bundesrepublik. – Arb. dtsch. Tierzucht, H. 39; Budzynski, M., u. R. Kolstrung (1983): Wuchs- und Entwicklungsstandards der in Polen gezüchteten Araber. In: IV. Int. Symp. Züchtung, Ernährung und Wachstum von Pferden, Leipzig; Burghausen, R. (1956): Zugkraftmessungen an sämtlichen Pferden der Universitätsgüter und welchen Anhaltspunkt geben diese für die Weiterentwicklung der Pferdehaltung und Pferdezucht. Diplom-Hausarb. Jena; Butz, Henseler u. Schöttler (1921): Praktische Anleitung zum Messen von Pferden. – Arb. Dtsch. Ges. Züchtungskunde, H. 2: 11–27

Dencker, Cl. (1959): Perspektiven zur Zuchtzielgestaltung in den deutschen Warm- und Kaltblutzuchten. – Tierzüchter, Nr. 24: 605–607; Deparade, G. (1977): Nutzungsarten und Arbeitsbelastungen von Haflingern – dargestellt am Beispielbetrieb VEG Tierproduktion Meura (Staatlich anerkannter Pferdezuchtbetrieb). Diplomarb. Leipzig; Duerst, U. (1922): Die Beurteilung des Pferdes. Stuttgart

Flade, J. E. (1959, 1984): Shetlandponys. 1. u. 6. Aufl. — N. Brehm-Büch. 243; dgl. (1966): Das Araberpferd. 2. Aufl. — ebd. 291; dgl. (1978): Wachstum und Aufzucht. In: H. J. Schwark, Pferde — Nutzung — Züchtung — Fütterung. Berlin; Franz, A. (1961): Das Pferd in der Sozialistischen Landwirtschaft. — Tierzucht, H. 4: 170—172; Freistedt, E. (1978): Untersuchungen zur Stutenleistungsprüfung im Zuchtleistungsbereich Stendal unter besonderer Berücksichtigung des VE Gestütes Radegast. Diplomarb. Leipzig; Fritzsche, I. (1974): Vergleichende Untersuchungen zur Körperentwicklung des Vollblutpferdes der DDR anhand ausgewählter Nachkommenschaften. Diplomarb. Leipzig

Gärtner, R. (1922): Über das Wachstum der Tiere. Landwirtschaftliche Jahrbücher. Berlin; Genter, F. (1957): Der Haflinger und seine Zucht. Bonn, München, Wien; Green, D. A. (1976): Growth rate in thoroughbred yearlings and two years old. — Equine vet. J. 8 (3): In: J. v. Lepel (1980), Wachstumsphasen bei jungen Vollblutpferden. — Vollblut, Nr. 70: 177—180

Hartwig, W. (1953): LPO für Klein- und Zwergpferde. — Tierzucht 7 (11): 387—391; dgl. (1954): Überarbeitung der LPO in bezug auf die Zugleistungsprüfung. — ebd. 8 (9): 312—313; Hering, A. (1925): Ein Beitrag zur Kenntnis der Jugendentwicklung des rheinisch-deutschen Kaltblutpferdes. - Arb. Dtsch. Ges. Züchtungskunde 26: 585; Herre, W. (1961): Grundsätzliches zur Systematik des Pferdes. - Tierzucht Züchtungsbiol. 75 (1): 57—78; Hesse, H. J. (1956): Arbeitsleistung und Futteraufwand bei Kleinpferden im Verhältnis zu Großpferde- und Kuhanspannung. - Tierzüchter, Nr. 7: 160—163; dgl. (1957): Entwicklung und Wachstumsverlauf bei Kleinpferden. - Tierzucht Züchtungsbiol. 70: 175—181; dgl. (1957): Rationalisierungsmöglichkeiten beim Einsatz tierischer Zugkräfte. - Mitt. DLG 72 (42 u. 43); Hintz, H. F., R. L. Hintz, u. L. D. v. Vleck (1979): Growth rate of thoroughbred, effects of age of dam, year and month of birth, and sex of foal. - J. Animal. Sci. 48 (3): 480—487; Hofmann, F., u. O. Rabe (1958): Untersuchungen über die Entwicklung der Kaltblutzucht in Thüringen und die indirekten Leistungen der Kaltblutstuten. - Wiss. Z. Univ. Jena 8 (2/3); dgl., u. H. J. Schwark (1959): Untersuchungen über den wirtschaftlich gerechtfertigten Einsatz von Kleinpferden in landwirtschaftlichen Großbetrieben. - Tierzucht 13 (1): 30—34

Ishizaki (1957): In: L. Krüger, Die Bestimmung der Arbeitsfähigkeit bei Pferd und Rind durch Leistungsprüfungen, physiologische und psychologische Meßwerte und durch die Exterieurbeurteilung. - Tierzucht Züchtungsbiol. 70 (1): 2 u. 19; Iwersen, E. (1924): Die Körperentwicklung des holsteinischen Marschpferdes von der Geburt bis zum Abschluß des Wachstums. Diss. Göttingen; Jähne, M. (1983): Biologische Grundlagen des Wachstums und der Fleischerzeugung. In: H. J. Schwark, Rinderzucht. Berlin; Jelen, B. (1983): Veränderungen von Bewegungswerten bei Fohlen des Englischen Vollbluts und Halbbluts im Wachstums- und Entwicklungsverlauf. IV. Int. Symp. Züchtung, Ernährung und Wachstum von Pferden, Leipzig; Jonas, J. H. (1949): Untersuchungen an Kaltblut- und Warmblutpferden über Arbeitsleistung, Futterverwertung und Typ. Diss. Göttingen 1949

Kapron, M. (1983): Einfluß des unterschiedlichen Anteils des Englischen Vollbluts auf die Kenn werte des Exterieurs bei Halbblütern aus der Gestüts- und Landeszucht. VI. Int. Symp. Züchtung, Ernährung und Wachstum von Pferden, Leipzig; Koch, W. (1954): Lehrbuch der allgemeinen Tierzucht. Stuttgart; König, U. (1959): Untersuchungen über die Körperentwicklung und den Nährstoffbedarf bei Warm- und Kaltblutfohlen bis zum Abschluß des dritten Lebensjahres. - Kühn-Arch. 73 (3/4): 171—213; Koziebrodski, S., u. Z. Sobczak (1983): Wachstumsverlauf der Arabischen Vollblutfohlen im Gestüt Michalow. IV. Int. Symp. Züchtung, Ernährung und Wachstum von Pferden, Leipzig; Krippl, J. (1958): Untersuchungen über den Entwicklungsverlauf beim Haflinger. -

Mitt. Bayer. Landesanst. Tierzucht 6 (1/2); Kröning, F. (1942): Die Entwicklung des Brandenburger Warmblutpferdes von der Geburt bis zum Abschluß des Wachstums unter besonderer Berücksichtigung der Futterverwertung bis zum Beginn des vierten Lebensjahres. Diss. Berlin; Krüger, L. (1939): Arbeiten zur Bestimmung des Arbeitswertes. - Züchtungsk. 14 (6 u. 7): 215—232 u. 260—283; dgl. (1957): Die Bestimmung der Arbeitsfähigkeit bei Pferd und Rind durch Leistungsprüfungen, physiologische und psychologische Meßwerte und durch die Exterieurbeurteilung. - Tierzucht und Züchtungsbiol. 69 (4): 289—320, 70 (1): 1—20; dgl. (1937): Grundsätzliches über das Wachstum. — Forschungsdienst 4 (1): 34

Lepel, J. v. (1980): Wachstumsphasen bei jungen Vollblutpferden. - Vollblut, Nr. 70: 177—180; Leuze, W. (1953): Die Feststellung des Arbeitswertes von Zuchtpferden. Vergleichende Untersuchungen der Bedingungen der LPO und der gestaffelten Leistungsprüfung. - Diss. Gießen

Milani, E. (1950): Beiträge zur Arbeitsleistungsprüfung beim Pferd unter besonderer Berücksichtigung der Prüfung im gestaffelten Dauerzug. Diss. Gießen

Neisser, E. (1963): Der Einsatz des Pferdes in der Forstwirtschaft unter besonderer Berücksichtigung des Haflinger Pferdes im Staatlichen Forstwirtschaftsbetrieb Hettstedt (Harz). Diplom-Hausarb. Bernburg; dgl. (1970): Wechselbeziehungen zwischen Jugendernährung, Körperentwicklung und Rennleistung beim Vollblutpferd. Forschungsbericht, unveröff.; dgl. (1983): Wachstumsverlauf und Endmaße beim Englischen Vollblut. IV. Int. Symp. Züchtung, Ernährung und Wachstum von Pferden, Leipzig; Nörenberg, I. (1979): Untersuchungen zur Verteilung der zufallsmäßigen Anpaarungen von Warmbluthengsten am Zuchtbestand der Pferdezuchtdirektion Mitte. Diplomarb. Leipzig; Noltenius, O. (1928): Ein Beitrag zur Kenntnis der Jugendentwicklung der Oldenburger Pferde. Diss. Göttingen

Otto, E. (1958): Biometrie. Berlin

Pabsch, H. (1927): Über die Veränderung des Exterieurs beim deutschen Kaltblutpferd während des Wachstums von der Geburt bis zum Alter von einem halben Jahr. Diss. Breslau; Papendiek, L. (1958): Das Kleinpferd. Hamburg u. Berlin; Petzold, E. (1952): Beanspruchung, Prüfung und Leistungsfähigkeit von Arbeitspferden der Betriebe Oberer und Unterer Hardthof Gießen. Diss. Gießen; Petzold, P. (1982): Untersuchungen zur Genealogie, den Modell-, Exterieur- und Leistungsmerkmalen der Haflinger Zuchtpopulation der DDR unter dem Aspekt der züchterischen Weiterentwicklung. Diss. Leipzig; dgl., u. H. J. Schwark (1983): Exterieurqualität und Körpermaße unterschiedlicher Genotypen des Haflinger Pferdes (Reinzucht, F_1- und R_1-Konstruktion). IV. Int. Symp. Züchtung, Ernährung und Wachstum von Pferden, Leipzig; Pretz, L. v. (1925): Die Haflinger Pferdezucht. Schlern-Schriften. Innsbruck

Rettenmaier, L. (1950): Das Verhalten einiger physiologischer Komponenten im Verlauf der gestaffelten Dauerzug- und Geschwindigkeitsprüfung bei Hengsten. Diss. Gießen; Rossdale, P. D. (1975): Das Pferd — Fortpflanzung und Entwicklung. Basel u. München; Ruthenberg, G. (1957): Zur Frage der Kleinpferdezucht in Deutschland. Diplomarb. Leipzig

Sasse, L. (1978): Zuchtplanung bei Warmblutpferden aus populationsgenetischer Sicht zur Maximierung des Zuchtfortschrittes. Diss. Leipzig; Schäfer, H. (1936): Physiologische und physische Untersuchungen über die Leistungsfähigkeit von Warmblutpferden. Diss. Leipzig; Scheide, J. (1977): Untersuchungen zur Merkmalsdifferenz zwischen Zuchtpferden des Englischen Vollbluts, Hannoveranern und Trakehner Abstammung, zur Zweckmäßigkeit der Erhaltung bzw. Bildung von Genreserven und deren Nutzung bei der Züchtung eines einheitlichen Warmblutpferdes in der DDR. Diss. Leipzig; Schilke, Fr. (1923): Biometrische Untersuchungen über das Wachstum der Trakehner Pferde. Diss. Königsberg; Schmidt, J., E. Lauprecht, u. H. Stegen (1932): Beitrag zur Beurteilung des wachsenden Pferdes an Hand von Körpermaßen. Hamburg u. Berlin; Schorm, G. (1983): Analyse der phänotypischen Entwicklung des Warmblutpferdes von der Geburt bis zum dreijährigen Pferd und Einflüsse von genetischen sowie umweltbedingten Faktoren. Diss. Leipzig; Schott, A. (1955): Das Haflinger Pferd im Blickfeld neuzeitlicher Betrachtung. - Tierzüchter, Nr. 20; 535—537; Schwark, H. J. (1959): Die Perspektiven der landwirtschaftlichen Pferdezucht in der DDR. - Wiss. Z. Univ. Jena 8, Math.-naturw. R., H. 4/5; dgl. (1959): Hengstdepot Moritzburg — 130 Jahre im Dienst der sächsischen Pferdezucht. Moritzburg; dgl. (1960): Schwerpunkte der züchterischen Selektion bei den Wirtschaftspferderassen. - Tierzucht, H. 12: 537—542; dgl. (1961): Untersuchungen über die Züchtung eines Wirtschaftspferdes im Typ des Haflingers. Habil. Jena; dgl. (1962): Die Stellung des Pferdes in den sozialistischen Landwirtschaftsbetrieben der DDR und die sich auf diesem Tierzuchtzweig ergebenden Aufgaben. Neuererzentrum Leipzig-Markkleeberg; Schweisgut, O., u. R. Löbl (1955): Der Haflinger in Tirol. Innsbruck; dgl. (1961): Der Haflinger, das Universalpferd. Haflinger Pferdezuchtverband Tirol. Innsbruck; dgl. (1980): Haflinger Pferde — Ursprung, Zucht und Haltung, weltweite Verbreitung. München und Zürich; dgl. (1983): Veränderungen des Wachstums und der Endmaße in der Haflinger Zuchtpopulation Tirol. IV. Int. Symp. Züchtung, Ernährung und Wachstum von Pferden, Leipzig; Seefeld, G. (1954): Untersuchungen zur Bestimmung des Arbeitswertes von Groß- und Kleinpferden. Diss. Gießen; Sobczak, Z., u. B. Langaj (1983): Analyse des Wachstumsverlaufs bei Englischen Vollblutpferden in den Gestüten Golejewko und Strzegom. IV. Int. Symp. Züchtung, Ernährung und Wachstum von Pferden, Leipzig; Stegen, H. (1929): Die Entwicklung des hannoverschen Halbblutpferdes von der Geburt bis zum Abschluß des Wachstums. - J. Landw. 77 (2):

Thieme, H. (1931): Die Entwicklung des Trakehner Halbblutpferdes von der Geburt bis zum Abschluß des Wachstums. Diss. Göttingen; Thurner, K. (1938): Der Haflinger und seine Zuchtgebiete. Innsbruck u. Leipzig; dgl. (1943): Der Haflinger, unser deutsches Bergpferd. München; Trapp, W. (1977): Einfache Antwort. - Reiter Revue, H. 12: 1470

Uppenborn, W. (1954): Gegenwartsfragen der deutschen Pferdezucht. — Mitt. Dtsch. Landw. Ges. 69 (30); dgl. (1954): Entwicklung der Kleinpferdezucht im Bundesgebiet. - ebd. 69:

Vogel, H. (1926): Die Körperentwicklung des Kalt- und Warmblutpferdes. - Züchtungsk. Bd. 1 (11): 560—587

Wesche, W. D. (1959): Der Leistungsstand der Kleinpferdezucht in der DDR. Diplomarb. Berlin; Wissenbach, W. (1958): Untersuchungen über den Wert von Pferdeleistungsprüfungen in der Landwirtschaft. Diplom-Hausarb. Jena

Zimmermann, C. (1933): Ein Beitrag zur Körperentwicklung der rheinisch-deutschen Kaltblutpferde im Originalzuchtgebiet. - Arch. Tierernähr. Tierzucht 8: 497; Zorn, W., u. H. F. Krallinger (1933): Das Wachstum der Haustiere. - ebd. 8; 471—485; dgl. (1952): Pferdezucht. Stuttgart

Bestimmungen für die Herdbuchzucht landwirtschaftlicher Nutztiere sowie über die Mindestanforderungen zur Körung von Vatertieren in der DDR. Ministerium für Land- und Forstwirtschaft, 1957

Internationale Stammtafel für Zuchthengste der Haflinger Rasse. Haflinger Pferdezuchtverband Tirol

Reglement für die Durchführung von Leistungsprüfungen bei Zuchtpferden der Haflinger Rasse in Österreich. Arbeitsgemeinschaft der Haflinger Züchter Österreichs, 1957

Ausstellungsverzeichnis der 2. Haflinger Landesausstellung. Innsbruck, 1961

Zuchtkartei des Haflinger Pferdes, Hengste und Stuten, der Pferdezuchtleitungen der DDR (1956—1985)